本书得到国家自然科学基金项目 [50778143] 资助

中国民居建筑丛书
西北民居

王 军 著

中国建筑工业出版社

图书在版编目（CIP）数据

西北民居/王军著. —北京：中国建筑工业出版社，2009
（中国民居建筑丛书）
ISBN 978-7-112-11736-9

Ⅰ.西… Ⅱ.王… Ⅲ.民居－建筑艺术－西北地区 Ⅳ.TU241.5

中国版本图书馆CIP数据核字（2010）第012462号

责任编辑：徐 冉 王莉慧
责任设计：董建平
责任校对：张 虹 关 健

中国民居建筑丛书
西北民居
王军 著
*
中国建筑工业出版社出版、发行（北京西郊百万庄）
各地新华书店、建筑书店经销
北京嘉泰利德公司制版
北京画中画印刷厂印刷
*
开本：880×1230毫米 1/16 印张：17 3/4 字数：690千字
2009年12月第一版 2015年4月第二次印刷
定价：98.00元
ISBN 978-7-112-11736-9
　　　（18983）

版权所有　翻印必究
如有印装质量问题，可寄本社退换
（邮政编码 100037）

《中国民居建筑丛书》编委会

主　任：王珮云

副主任：沈元勤　陆元鼎

总主编：陆元鼎

编　委（按姓氏笔画排序）：

丁俊清　王　军　王金平　王莉慧　业祖润　曲吉建才

朱良文　李东禧　李先逵　李晓峰　李乾朗　杨大禹

杨新平　陆　琦　陈震东　罗德启　周立军　单德启

徐　强　黄　浩　雍振华　雷　翔　谭刚毅　戴志坚

总序——中国民居建筑的分布与形成

陆元鼎

秦以前，相传中华大地上主要生存着华夏、东夷、苗蛮三大文化集团，经过连年不断的战争，最终华夏集团取得了胜利，上古三大文化集团基本融为一体，形成一个强大的部族，历史上称为夏族或华夏族。

春秋战国时期，在东南地区还有一个古老的部族称为"越"或"於越"，以后，越族逐渐为夏族兼并而融入华夏族之中。

秦统一各国后，到汉代，我国都用汉人、汉民的称呼，当时，它还不是作为一个民族的称呼。直到隋唐，汉族这个名称才基本固定下来。

历史上的汉族与我国现代的汉族的含义不尽相同。历史上的汉族，实际上从大部族来说它是综合了华夏、东夷、苗蛮、百越各部族而以中原地区华夏文化为主的一个民族。其后，魏晋南北朝时期，西北地带又出现乌桓、匈奴、鲜卑、羯、氐、羌等族，南方又有山越、蛮、俚、僚、爨等族，各民族之间经过不断的战争和迁徙、交往达到了大融合，成为统一的汉民族。

汉族地区的发展与分布

汉族祖先长时间来一直居住在以长安京都为中心的中原地带，即今陕、甘、晋、豫地区。东汉一两晋时期，黄河流域地区长期战乱和自然灾害，使人民生活困苦不堪。永嘉之乱后，大批汉人纷纷南迁，这是历史上第一次规模较大的人口迁徙。当时大量人口从黄河流域迁移到长江流域，他们以宗族、部落、宾客和乡里等关系结队迁移。大部分东移到江淮地区，因为当时秦岭以南、淮河和汉水流域的一片土地还是相对比较稳定。也有部分人民南迁到太湖以南的吴、吴兴、会稽三郡，也有一些迁入金衢盆地和抚河流域。再有部分则沿汉水流域西迁到四川盆地。

隋唐统一中原，人民生活渐趋稳定和改善，但周边民族之间的战争和交往仍较频繁。周边民族人民不断迁入中原，与中原汉人杂居、融合，如北方的一些民族迁入长安、洛阳和开封、太原等地。也有少部分迁入陕北、甘肃、晋北、冀北等地。在西域的民族则东迁到长安、洛阳，东北的民族则向南入迁关内。通过移民、杂居、通婚，汉族和周边民族之间加强了经济、文化，包括农业、手工业、生活习俗、语言、服饰的交往，可以说已经融合在汉民族文化之内而没有什么区别。到北宋时期，中原文献中已没有突厥、胡人、吐蕃、沙陀等周边民族成员的记载了。

北方汉族人民，以农为本，大多安定本土，不愿轻易离开家乡。但是到了唐中叶，北方战乱频繁，土地荒芜，民不聊生。安史之乱后，北方出现了比西晋末年更大规模的汉民南迁。当时，在迁移的人群中，不但有大量的老百姓，还有官员和士大夫，而且大多是举家举族南迁。他们的迁移路线，根据史籍记载，当时南迁大致有东中西三条路线。

东线：自华北平原进入淮南、江南，再进入江西。其后再分两支，一支沿赣江翻越大庾岭进入岭南，一支翻越武夷山进入福建。

东线移民渡过长江后，大致经两条路线进入江西。一支经润州（今镇江市）到杭州，再经浙西婺州（今金华市）、衢州入江西信州（今上饶市）；另一条自润州上到升州（今南京市），沿长江西上，在九江入鄱阳湖，进入江西。到达江西境内的移民，有的迁往江州（今南昌市）、筠安（今高安）、抚州（今临川市）、袁州（今宜春市）。也有的移民，沿赣江向上到虔州（今赣州市）以南翻越大庾岭，进入浈昌（今广东省南雄县），经韶州（今韶关市）南行入广州。另一支从虔州向东折入章水河谷，进入福建汀州（今长汀县）。

中线：来自关中和华北平原西部的北方移民，一般都先汇集到邓州（今河南邓州市）和襄州（今湖北襄樊市）一带，然后再分水陆两路南下。陆路经过荆门和江陵，渡长江，从洞庭湖西岸进入湖南，有的再到岭南。水路经汉水，到汉中，有的再沿长江西上，进入蜀中。

西线：自关中越秦岭进入汉中地区和四川盆地，途中需经褒斜道、子午道等栈道，道路崎岖难行。由于它离长安较近，虽然，它与外界山脉重重阻隔，交通不便，但是，四川气候温和，土地肥沃，历史上包括唐代以来一直是经济、文化比较发达的地区，相比之下，蜀中就成为关中和河南人民避难之所。因此，每逢关中地区局势动荡，往往就有大批移民迁入蜀中。而每当局势稳定，除部分回迁外，仍有部分士民、官宦子弟和从属以及军队和家属留在本地。虽然移民不断增加但大量的还是下层人民，上层贵族官僚西迁的仍占少数。

从上述三线南迁的过程中，当时迁入最多的是三大地区，一是江南地区，包括长江以南的江苏、安徽地区和上海、浙江地区；二是江西地区；三是淮南地区，包括淮河以南、长江以北的江苏、安徽地带。福建是迁入的其次地区。

淮南为南下移民必经之地。由于它离黄河流域稍远，当时该地区还有一定的稳定安宁时期，因此，早期的移民在淮南能有留居的现象。但是随着战争的不断蔓延和持续，淮南地区的人民也不得不再次南迁。

在南方入迁地区中，由于江南比较安定，经济上相对富裕，如越州（今浙江绍兴）、苏州、杭州、升州（今南京）等地，因此导致这几个地区人口越来越密。其次是安徽的歙州（今歙县地区）、婺州（今浙江金华市）、衢州，由于这些地方是进入江西、福建的交通要道，北方南下的不少移民都在此先落脚暂居，也有不少就停留在当地落户成为移民。

当然，除了上述各州之外，在它附近诸州也有不少移民停留，如江南的常州、润州（今江苏镇江）、淮南的扬州、寿州（今安徽寿县）、楚州（今江苏淮河以南盱眙以东地区），江西的吉州（今吉安市）、饶州（今景德镇市），福建的福州、泉州、建州（今建瓯市）等。这些移民长期居留在州内，促进了本地区的经济和文化的发展，因此，自唐代以来，全国的经济文化重心逐渐移向南方是毫无异议的。

北宋末年，金兵骚扰中原，中州百姓再一次南迁，史称靖康之乱。这次大迁移是历史以来规模最大的一次，估计达到三百万人南下。其中一些世代居住在开封、洛阳的高官贵族也陆续南迁。这次迁移的特点是迁徙面更广更长，从州府县镇，直到乡村，都有移民足迹。

历史上三次大规模的南迁对南方地区的发展具有重大意义。三次移民中，除了宗室、贵族、官僚地主、宗族乡里外，还有众多的士大夫、文人学者，他们的社会地位、文化水平和经济实力较高，到达南方后，无论在经济上、文化上，都使南方地区获得了明显的提高和发展。

南方地区民系族群的形成就是基于上述原因。它们既有同一民族的共性，但是，不同民系地域，虽然同样是汉族，由于南北地区人口构成的历史社会因素、地区人文、习俗、环境和自然条件的差异，都会给族群、给居住方式带来不同程度的影响，从而，也形成了各地区不同的居住模式和特色。

民系的形成不是一朝一夕或一次性形成的，而是南迁汉民到达南方不同的地域后，与当地土著人民融洽、沟通、相互吸取优点而共同形成的。即使在同一民系内部，也因南迁人口的组成、家渊以及各自历史、社会和文化特质的不同而呈现出地域差别。在同一民系中，由于不同的历史层叠，形成较早的民系可能保留较多古老的历史遗存。如越海民系，它在社会文化形态上就会有更多的唐宋甚至明清各时期的特色呈现。也有较晚形成的民系，在各种表现形态上可能并不那么古老。也有的民系，所在区域僻处一隅，地理位置比较偏僻，长期以来与外界交往较少，因而，受北方文化影响相对较少。如闽海民系，在它的社会形态中会保留多一些地方土著特点。这就是南方各地区形态中保留下来的这种文化移入的持续性、文化特质的层叠性，同时又有文化形态的区域差异性。

历史上，移民每到一个地方都会存在着一个新生环境问题，即与土著社群人民的相处问题。实际上，这是两个文化形体总合力量的沟通和碰撞，一般会产生三种情况：一、如果移民的总体力量凌驾于本地社群之上，他们会选择建立第二家乡，即在当地附近地区另择新点定居；二、如果双方均势，则采用两种方式，一是避免冲撞而选择新址另建第二家乡，另一是采取中庸之道彼此相互掺入，和平地同化，共同建立新社群；三、如果移民总体力量较小，在长途跋涉和社会、政治、经济压力下，他们就会采取完全学习当地社群的模式，与当地社群融合、沟通，并共同生存、生活在一起。当然，也会产生另一情况，即双方互不沟通，在这种极端情况下，移民被迫为了保护自己而可能另建第二家乡。

在北方由于长期以来中原地区和周边民族的交往沟通，基本上在中原地区已融合成为以中原文化为主的汉民族，他们以北方官话为共同方言，崇尚汉族儒学礼仪，基本上已形成为一个广阔地带的北方民系族群。但是，如山西地区，由于众多山脉横贯其中，交通不便，当地方言比较悬殊，与外界交往沟通也比较困难，在这种特殊条件下，形成了在北方大民系之下的一个区域地带。

到了清末，由于我国唐宋以来的州和明清以来的府大部分保持稳定，虽然，明清年代还有"湖广填四川"和各地移民的情况，毕竟这是人口调整的小规模移民。但是，全国地域民系的格局和分布都已基本定型。

民族、民系、地域在形成和发展过程中，由稳定到定型，必然需要建造宅居。宅居建筑是人类满足生活、生存最基本的工具和场所。民居建筑形成的因素很多，有社会因素、经济物质因素、自然环境因素，还有人文条件因素等。在汉族南方各地区中，由于历史上的大规模的南迁，北方人民与南方土著社群人民经过长期来的碰撞、沟通和融合，对当地土著社群的人口构成、经济、文化和生产、生活方式、礼仪习俗、语言（方言），以及居住模式都产生了巨大的影响和变化。对民居建筑来说，由于自然条件、地理环境以及社会历史、文化、习俗和审美的不同，也导致了各地民居类型、居住模式既有共同特征的一面，也有明显的差异性，这就是我国民居建筑之所以呈现出丰富多彩、绚丽灿烂的根本原因。

少数民族地区的发展与分布

我国少数民族分布，基本上可以分为北方和南方两个地区。现代的少数民族与古代的少数民族不同，他们大多是从古代民族延伸、融合、发展而来。如北方的现代少数民族，他们与古代居住在北方的沙漠和山林地带的乌孙、突厥、回纥、契丹、肃慎等民族有着一定的渊源关系，而南方的现代少数民族则大多是由古代生活在南方的百越、三苗和从北方南迁而来的氐羌、东夷等民族发展演变而来。他们与汉族共同组成了中华民族，也共同创造了丰富灿烂的中华文化。

我国的西北部土地辽阔，山脉横贯，古代称为西域，现今为新疆维吾尔自治区。公元前2世纪，匈奴民族崛起，当时西域已归入汉代版图。唐代以后，漠北的回鹘族逐渐兴起，成为当时西域的主体民族，延续至今即成为现在的维吾尔族。

我国北方有广阔的草原，在秦汉时代是匈奴民族活动的地方。其后，乌桓、鲜卑、柔然民族曾在此地崛起，直至6世纪中叶柔然汗国灭亡。之后，又有突厥、回鹘、女真等在此活动。12~13世纪，女真族建立金朝。其后，与室韦—鞑靼族人有渊源关系的蒙古各部在此开始统一，延续至今，成为现代的蒙古族。

在我国西北地区分布面较广的还有一个民族叫回族。他们聚居的区域以宁夏回族自治区和甘肃、青海、新疆及河南、河北、山东、云南等省较多。

回族的主要来源是在13世纪初，由于成吉思汗的西征，被迫东迁的中亚各族人、波斯人、阿拉伯人以及一些自愿来的商人，来到中国后，定居下来，与蒙古、畏兀儿、唐兀、契丹等民族有所区别。他们与汉人、畏兀儿人、蒙古人，甚至犹太人等，以伊斯兰教为纽带，逐渐融合而成为一个新的民族，即回族。可见回族形成于元代，是非土著民族，长期定居下来延续至今。

在我国的东北地区，史前时期有肃慎民族，西汉称为挹娄，唐代称为女真，其后建立了后金政权。1635年，皇太极继承了后金皇位后，将族名正式定为满族，一直延续至今即现代的满族。

朝鲜族于19世纪中叶迁到我国吉林省后，延续至今。此外，东北地区还有赫哲族、鄂伦春族、达斡尔族等，他们人数较少，但是，他们民族的历史悠久可以追溯到古代的肃慎、契丹民族和北方的通古斯人。

在西南地区，据史书记载，古羌人是祖国大西北最早的开发者之一，战国时期部分羌人南下，向金沙江、雅砻江一带流徙，与当地原著族群交流融合逐渐发展演变为羌、彝、白、怒、普米、景颇、哈尼、纳西等民族的核心。苗、瑶族的先民与远古九寨、三苗有密切关系，经过长期频繁的辗转迁徙，逐步在湖南、湖北、四川、贵州等地区定居下来。畲族亦属苗瑶语族，六朝至唐宋，其先民已聚居在闽粤赣三省交界处。东南沿海地区的越部落集团，古代称为"百越"，它聚居在两广地区，其后，向西延伸，散及贵州、云南等地，逐渐发展演变为壮、傣、布依、侗等民族。"百濮"是我国西南地区的古老族群，其分布多与"百越"族群交错杂居，逐渐发展为现今的佤族等民族。

我国西南地区青藏高原有着举世闻名的高山流水，气象万千的林海雪原，更有着丰富的矿产资源，世界最高峰珠穆朗玛峰耸立在喜马拉雅山巅，从西藏先后发现旧石器到新石器时代遗址数十处，证明至少在5万年前，藏族的先民就繁衍生息在当今的世界屋脊之上。

据史书记载，藏族自称博巴，唐代译音为"吐蕃"。公元7世纪初建立王朝，唐代译为吐蕃王朝，族群大多居住在青藏高原，也有部分住在甘肃、四川、云南等省内，延续至今即为现在的藏族。

羌族是一个历史悠久的古老民族，分布广泛，支系繁多。古代羌族聚居在我国西部地区现甘肃、青海一带。春秋战国时期，羌人大批向西南迁徙，在迁徙中与其他民族同化，或与当地土著结合，其中一支部落迁徙到了岷江上游定居，发展而成为今日羌族。他们的聚居地区覆盖四川省西北部的汶川、理县、黑水、松潘、丹巴和北川等七个县。

彝族族源与古羌人有关，两千年前云南、四川已有彝族先民，其先民曾建立南诏国，曾一度是云南地区的文化中心。彝族分布在云、贵、川、桂等地区，大部分聚居在云南省内，几乎在各县都有分布，比较集中在楚雄、红河等自治州内。

白族在历史发展过程中，由大理地区的古代土著居民融合了多种民族，包括西北南下的氐羌人，历代不断移居大理地区的汉族和其他民族等，在宋代大理国时期已形成了稳定的白族共同体。其聚居地主要在云贵高原西部，即今云南大理地区。

纳西族历史文化悠久，它也渊源于南迁的古氐羌人。汉以前的文献把纳西族称为"牦牛种"、"旄牛夷"，晋代以后称为"摩沙夷"、"么些"、"么梭"。过去，汉族和白族也称纳西族为"么梭"、"么些"。"牦"、"旄"、"摩"、"么"是不同时期文献所记载的同一族名。建国后，统一称"纳西族"。现在的纳西族聚居地主要集中在云南的金沙江畔、玉龙山下的丽江坝、拉市坝、七河坝等坝区及江边河谷地区。

壮族具有悠久的历史，秦汉时期文献记载我国南方百越群中的西瓯、骆越部族就是今日壮族的先民。其聚居地主要在广西壮族自治区境内，宋代以后有不少壮族居民从广西迁滇，居住在今云南文山壮族苗族自治州。

傣族是云南的古老居民，与古代百越有族缘关系。汉代其先民被称为"滇越"、"掸"，主要聚居地在今云南南部的西双版纳傣族自治州和西南部的德宏傣族景颇族自治州内。

布依族是一个古老的本土民族，先民古代泛称"僚"，主要分布在贵州南部、西南部和中部地区，在四川、云南也有少数人散居。

侗族是一个古老的民族，分布在湘、黔、桂毗连地区和鄂西南一带，其中一半以上居住在贵州境内。古代文献中有不少关于洞人（峒人）、洞蛮、洞苗的记载，至今还有不少地区保留"洞"的名称，后来"峒"或"洞"演变为对侗族的专称。

很早以前，在我国黄河流域下游和长江中下游地区就居住着许多原始人群，苗族先民就是其中的一部分。苗族的族属渊源和远古时代的"九黎"、"三苗"等有着密切的关系。据古文献记载，"三苗"等应该都是苗族的先民。早期的"三苗"由于不断遭到中原的进攻和战争，苗族不断被迫迁徙，先是由北而南，再而由东向西，如史书记载说"苗人，其先自湘窜黔，由黔入滇，其来久有"。西迁后就聚居在以沅江流域为中心的今湘、黔、川、鄂、桂五省毗邻地带，而后再由此迁居各地。现在，他们主要分布在以贵州为中心的贵州、云南、四川和湖南、湖北、广西等各省山区境内。

瑶族也是一个古老的民族，为蚩尤九黎集团、秦汉武陵蛮、长沙蛮的后裔，南北朝称"莫瑶"，这是瑶族最早的称谓。华夏族入中原后，瑶族就翻山越岭南下，与湘江、资江、沅江及洞庭湖地区的土著民族融合而成为当今的瑶族。现都分散居住在广西、广东、湖南、云南、贵州、江西等省区境内。

据考古发掘，鄂西清江流域十万年前就有古人类活动，相传就是土家族的先民栖息场所。清江、阿蓬江、酉水、溇水源头聚汇之区是巴人的发祥地，土家族是公认的巴人嫡裔。现今的土家族都聚居于湖南、湖北、四川、贵州四省交会的武陵山区。

我国除汉族外有少数民族55个。以上只是部分少数民族的历史、发展分布与聚居地区，由于这些少数民族各有自己的历史、文化、宗教信仰、生活习俗、民族审美爱好，又由于他们所处不同地区和不同的自然条件与环境，导致他们都有着各自的生活方式和居住模式，就形成了各民族的丰富灿烂的民居建筑。

为了更好地把我国各民族地区民居建筑的优秀文化遗产和最新研究成就贡献给大家，我们在前人编写的基础上进一步编写了一套更系统、更全面的综合介绍我国各地各民族的民居建筑丛书。

我们按下列原则进行编写：

1. 按地区编写。在同一地区有多民族者可综合写，也可分民族写。

2. 按地区写，可分大地区，也可按省写。可一个省写，也可合省写，主要考虑到民族、民居、类型是否有共同性。同时也考虑到要有理论、有实践，内容和篇幅的平衡。

为此，本丛书共分为18册，其中：

1. 按大地区编写的有：东北民居、西北民居2册。

2. 按省区编写的有：北京、山西、四川、两湖、安徽、江苏、浙江、江西、福建、广东、台湾共11册。

3. 按民族为主编写的有：新疆、西藏、云南、贵州、广西共5册。

本书编写还只是阶段性成果。学术研究，远无止境，继往开来，永远前进。

参考书目：

1. （汉）司马迁撰．史记．北京：中华书局，1982．

2. 辞海编辑委员会．辞海．上海：上海辞书出版社，1980．

3. 中国史稿编写组．中国史稿．北京：人民出版社，1983．

4. 葛剑雄，吴松弟，曹树基．中国移民史．福建：福建人民出版社，1997．

5. 周振鹤，游汝杰．方言与中国文化．上海：上海人民出版社，1986．

6. 田继周等．少数民族与中华文化．上海：上海人民出版社，1996．

7. 侯幼彬．中国建筑艺术全集第20卷宅第建筑（一）北方建筑．北京：中国建筑工业出版社，1999．

8. 陆元鼎，陆琦．中国建筑艺术全集第21卷宅第建筑（二）南方建筑．北京：中国建筑工业出版社，1999．

9. 杨谷生．中国建筑艺术全集第22卷宅第建筑（三）北方少数民族建筑．北京：中国建筑工业出版社，2003．

10. 王翠兰．中国建筑艺术全集第23卷宅第建筑（四）南方少数民族建筑．北京：中国建筑工业出版社，1999．

11. 陆元鼎．中国民居建筑（上中下三卷本）．广州：华南理工大学出版社，2003．

前 言

中国大西北是中华民族文明的重要发祥地，具有丰厚的中华传统文化的历史底蕴和鲜明的民族特征。这一地区在行政区划上包括了陕西、甘肃、宁夏、青海、新疆以及内蒙古的西部，总面积约为全国的32.4%，总人口约为全国的7%，战略地位重要 自然资源丰富。在长期的生产斗争和生活实践中，勤劳、智慧的各族人民开发了祖国大西北广袤的边疆，创造了丰富多彩的具有鲜明民族个性与地域特征的文化，充实了中华文化的宝库，推动了生产力的发展和社会进步。

大西北地域辽阔，资源丰富，民族众多，文化积淀深厚，当地民居地域性建筑特色鲜明。陕西、甘肃是中华文明的重要发祥地之一，历史上周、秦、汉、唐四大盛世的重要建筑遗产多积淀于此。自汉朝以来，始于长安通过河西走廊的丝绸之路横贯东西，连接亚欧大陆，融汇了中华文化、印度文化、伊斯兰文化和欧洲文化，推动了世界文明的进程。丝绸之路中国段的文化遗迹主要集中在中国的西北地区，丝绸之路沿线的聚落与民居营建也体现了这种多元文化交融的特征。同时，西北地区也是多民族聚集地区，不同民族在长期的发展过程中形成了特色鲜明的聚落形态以及多种类型的建筑风格和营造技术。大西北是中华民族建筑文化遗产的宝库，也是中国传统民居中最具有鲜明特色的丰富多彩的大舞台。

本书西北民居根据其宏观地域文化与自然条件的相似性，研究范围主要涵盖了陕西、甘肃、宁夏、青海四省区。而新疆、内蒙古两地区的地域文化与自然条件的独特性，使它们成为单独的研究体系。

西北地区（陕西、甘肃、宁夏、青海），这一地区自然生态环境脆弱，由于历史上自然灾害与战争频繁等多种原因，导致西北地区经济薄弱，城乡布局分散，贫困人口较多。然而数千年来，在贫乏的物质资源条件下，西北地区各族人民积极探索对地方自然资源最有效的利用途径，摸索出了用最经济的办法获取最丰富居住空间的营造方式，建造出了各种类型的地域聚落、民居建筑，许多都成功地延续到今天，成为了人类文化遗产。黄土高原地区，人们在厚厚的黄土地、黄土坡上挖掘窑洞居住；宁夏、甘肃河西走廊以及青海大部分地区，人们大量使用生土作为建筑材料，建造以夯土墙、土坯墙为围护体的生土建筑。窑洞与生土建筑，适应了西北地区的自然和社会条件，形成了低能耗、低成本与环境融合的聚落营造模式，成为探索我国生态建筑、可持续建筑原型的"地域基因"库。

西北地区是中国北方游牧文化与农耕文化的交汇处，历史上两种文明的冲撞与融合使得这一地区的聚落环境独具特色。如长城沿线的许多聚落就是当年戍边屯垦的军事堡寨的演变与延续。这些当年具有军事防卫功能的建筑形式，演变成今天散布在陕北榆林地区、宁夏南部地区以及甘肃河西走廊地区的传统民居土堡子、高房子等，也构成了当地民居的地域特征。

西北地区又是多民族聚集地区，除汉族以外，这里还居住着回族、藏族、蒙古族、土族、裕固族、撒拉族、东乡族等少数民族。西北少数民族长期以来生活在十分艰苦的环境中，加之民族自身的弱小，在历史上曾遭受到外族统治者的压迫。在这种社会环境下，他们养成了一种粗犷、豪爽、吃苦耐劳的民族性格，而且培养了天然的民族集体主义精神，使得少数民族的文化具有一种天然的内聚能力。这种文化也反映在少数民族聚落营建及村落的布局上。

回族民居以宁夏回族自治区最为集中，甘肃南部临夏回族自治州以及陕西、青海部分地区都有分布，在聚落营建及房屋布局上，回族以围寺而居的聚落形态、满足穆斯林礼拜的住宅空间布局最为典型。藏族民居主要分布在甘肃南部的甘南藏族自治州、河西走廊的天祝藏族自治县以及青海省的大部分地区，这一地区藏族人民多以放牧或农垦与放牧结合的生产方式，有着传统的聚落形态，民居有帐房、碉楼、庄廊等，以土木结构为主，建筑装饰具有鲜明的民族特点。由于藏族在我国分布地域广阔，藏族文化博大精深，藏族民居丰富多彩，在研究体系上应作为一个以民族为主的"西藏民居"研究专题，而在以大地区为主的"西北民居"中，本书仅对甘南与青海东部地区以农垦放牧结合的藏族民居的相关案例进行介绍。

其他一些少数民族的民居与汉民族长期融合，在相似而严酷的自然环境中，在抵御脆弱生态环境影响与利用地方材料上有着相同性，民居建筑在共性的基础上又有各自的民族特色。虽然民居建筑大同小异，但这些少数民族的民族信仰，对各少数民族的思想意识、价值观念、生活方式和行为规范仍具有很大影响力，本书也仅对个别民族，如撒拉族民居进行介绍。

西北地区总体上生态环境脆弱，经济落后，但也有自然条件相对较好、经济富庶的局部地区，如陕西的关中平原、宁夏的银川平原、甘肃河西走廊的绿洲地区等。这些地区自然条件比较优越，或雨量适宜，或灌溉方便，农业经济相对发达，许多经典的传统聚落、文化价值较高的传统民居分布在这一地区，如关中平原的党家村、天水的南宅子、宁夏的董府等。

地理条件与自然环境，是各地域民居文化形成的重要因素，是民居生成的客观条件。因此，西北民居类型的分布，不以行政区划为界，往往一种民居类型跨越几个省区，黄土高原地区的窑洞民居分布在陕西、甘肃、宁夏以及山西、河南豫西地区。本书在研究窑洞民居的章节中，以陕、甘、宁地区为主，同时也涉及山西省西部与河南豫西部分地区。

西北地区是一个多民族并存的社会结构，每个民族都有着自己独特的文化传统、民族风情、聚落特征及住宅表现形式。西北文化较之于东部文化更加多姿多彩，具有鲜明的多样性和民族特色，保留着较多原生态的文化形态，具有较高的生存智慧与美学价值，对外界具有无限的魅力。同时，传统文化在各民族社会生活中也占有相当大的比重，往往以千姿百态的民俗展现出来。这种民俗性在聚落的营建、民居的建造与装饰中仍然起着相当程度的社会规范作用，是地域民居特征得以延续的重要因素之一。

西北民居在长达数千年的历史演进中变化缓慢，聚落和民居形制与当地气候、地貌、资源和谐共生。直到20世纪80年代，随着改革开放对农村生产力的解放，农村经济状况逐步改善，同时中国城市化进程的加快，对西北民居产生了重要影响。首先，在经济条件相对富庶的关中平原、银川平原等地，20世纪80年代后期出现了农村个体建房高潮。农民普遍向往城市生活，在建造房屋上不惜投入大量资金，新建房屋以砖墙替代传统的夯土与土坯，空心楼板平屋顶替代草泥与瓦屋面，铝合金门窗白瓷片成了普遍的乡村景观。传统民居的建筑风格、营建技术遭到前所未有的扬弃。渭北高原的窑洞村落自20世纪90年代以来形成了"弃窑建房，别窑下山"的局面，在下沉式窑洞密集的陕西淳化、永寿，甘肃庆阳等县，今天已很少能见到"进村不见房，闻声不见人"的地下居住景观了，继而代之的是高门楼砖瓦房。21世纪以来，在政府的新农村建设倡导下，迎来了西北地区大规模的村庄建设高潮。此时的村落规划、民居营建在民居地域文化的传承与生态技术层面，遇到了前所未有的挑战。在当代社会变革的冲击下，面对价值观念、生活方式的深层变化，西北乡村民居营建呈现出盲目、无序、缺少技术指导的趋势。探寻西北新农村建设，在传承历史文脉与生态智慧的宗旨下，如何走可持续发展之路，是当今民居研究者的历史使命。本书在最后一章，就西北传统民居的生存智慧、符合生态建筑的营建策略进行了梳理，对新农村建设提出了探索性的研究，以期对西北民居研究作出贡献。

本书的编写是一学术团队的成果，本书作者多年来从事西北地域文化与乡土建筑的研究，指导的博士生选题多以西北人居环境与乡土建筑为主。在西北民居调研测绘与编写的基础工作中，博士生李钰、吴晶晶、李晓丽、闫杰、崔文河、岳邦瑞、涂俊做了大量的工作，测绘图的绘制与描图是作者的硕士生协助做了许多工作，在此表示感谢。西北民居调研中，得到了宁夏社会科学院刘伟研究员的倾力支持，正是在这位回族学者的帮助下，使我们对宁夏回族民居得以较全面的了解。同时，也得到了甘肃省古建保护研究所安华所长的支持，为我们提供了经典民居瑞安堡的测绘资料，在此表示衷心的感谢！

王军

2009年11月

目 录

总序
前言

第一章　环境概述 ··· 017

第一节　自然环境概况 ·· 018
一、陕西 ·· 018
二、甘肃 ·· 020
三、宁夏 ·· 022
四、青海 ·· 023

第二节　民族文化概况 ·· 025
一、文化历史 ·· 025
二、少数民族与宗教文化 ·· 027
三、民俗风情 ·· 029

第二章　西北乡村聚落与民居建筑 ·· 033

第一节　西北乡村聚落的整体格局 ·· 034
第二节　西北乡村聚落的基本空间形态 ·· 035
一、旱作农业区聚落类型 ·· 035
二、灌溉农业区聚落类型 ·· 038
三、特殊类型聚落 ·· 038

第三节　乡村聚落营建的影响因素 ·· 040
一、水源 ·· 040
二、近地原则 ·· 040
三、土质选择 ·· 040
四、风水文化与汉族聚落 ·· 041
五、少数民族聚落文化 ·· 042

第四节　聚落与民居建筑 ··· 043
一、窑洞 ·· 043
二、土坯（夯土）式建筑 ·· 043
三、碉房 ·· 045
四、庄廓 ·· 046
五、帐房 ·· 047

第三章　窑洞民居 ·· 049

第一节　窑洞民居的形成环境 ·· 050
一、黄土高原与窑洞民居 ·· 050
二、窑洞民居的分布 ·· 052

第二节　窑洞民居的基本类型 ·· 053

一、靠山式窑洞·······055
　　二、独立式窑洞·······055
　　三、下沉式窑洞·······057
第三节　窑洞民居的选址·······059
第四节　中国风水的起源与窑洞选址·······059
第五节　窑居村落形态·······061
　　一、沿沟底溪岸发展的线形村落·······061
　　二、沟岔交汇处聚集的村落·······061
　　三、黄土高坡村落·······061
　　四、下沉式窑居村落·······062
　　五、拱窑四合院村落·······062
第六节　窑洞空间与形态特征·······062
　　一、窑洞院落布局·······063
　　二、窑洞立面·······064
第七节　窑洞民居的构造与营造技术·······069
　　一、结构特征·······069
　　二、营造技术·······070
　　三、窑洞装修·······073
第八节　窑居村落的民俗文化·······074
第九节　经典窑洞民居·······075
　　一、陕西省米脂县刘家峁村姜耀祖宅院·······075
　　二、陕西省米脂县杨家沟扶风古寨·······081
　　三、下沉式窑居村落——三原柏社村·······086
第十节　结语·······089

第四章　关中民居·······091

第一节　关中自然与人文环境·······092
　　一、自然地理·······092
　　二、社会文化·······092
第二节　民居要素与布局特征·······093
　　一、院落·······093
　　二、屋顶·······095
　　三、门窗·······095
　　四、空间布局·······096
第三节　结构体系与营造风俗·······098
　　一、结构体系·······098
　　二、特色技术·······098
　　三、营造风俗·······099
　　四、装饰艺术·······100
第四节　典型民居实例·······102
　　一、韩城党家村·······102
　　二、旬邑县唐家村唐家大院·······110
　　三、西安民居——高家大院·······118
第五节　结语·······122

第五章　陕南民居建筑 ... 125

第一节　陕南地理区位 ... 126
第二节　陕南民居建筑形态特征 ... 127
 一、城镇聚落形态 ... 127
 二、民居建筑平面形制及空间特征 ... 129
 三、陕南民居建筑的营造技术 ... 131
 四、建筑装饰风格 ... 133
第三节　陕南古镇青木川 ... 135
 一、老街 ... 135
 二、民居建筑实例 ... 137
第四节　陕南古镇蜀河 ... 140
 一、蜀河古镇街巷建筑空间特征 ... 140
 二、建筑实例 ... 140
第五节　结语 ... 142

第六章　宁夏回族自治区民居 ... 145

第一节　乡村聚落类型 ... 146
 一、聚落基本类型 ... 146
 二、回族聚落分布特征 ... 147
第二节　民居基本类型 ... 149
 一、中部银川平原民居 ... 149
 二、南部西海固地区民居 ... 150
第三节　民居空间和形态特征 ... 153
 一、院落 ... 153
 二、屋顶 ... 156
 三、墙体 ... 158
 四、门窗 ... 159
 五、结构形式 ... 160
 六、其他生活辅助设施 ... 162
 七、装饰特征 ... 163
第四节　宁夏民居的营造特征 ... 164
 一、制坯 ... 164
 二、夯筑墙 ... 166
 三、土坯墙 ... 166
第五节　宁夏典型民居实例 ... 167
 一、吴忠市董府 ... 167
 二、吴忠市马月坡故居 ... 176
 三、普通民居实例 ... 181
第六节　结语 ... 189

第七章　甘肃民居 ... 191

第一节　天水民居 ... 192
 一、院落空间类型 ... 193
 二、民居建筑形态特点 ... 194

三、民居建筑组成部分 ……………………………………………………………… 197
　　四、天水民居实例 …………………………………………………………………… 203
第二节　临夏回族民居 …………………………………………………………………… 208
　　一、民居院落布局特点 ……………………………………………………………… 209
　　二、建筑类型及特点 ………………………………………………………………… 209
　　三、砖雕装饰艺术 …………………………………………………………………… 210
　　四、临夏民居实例 …………………………………………………………………… 212
第三节　甘南藏族民居 …………………………………………………………………… 219
　　一、传统甘南藏族聚落 ……………………………………………………………… 219
　　二、传统民居空间与营造特点 ……………………………………………………… 221
第四节　其他地区民居 …………………………………………………………………… 224
　　一、河西走廊民居 …………………………………………………………………… 224
　　二、陇东地区民居 …………………………………………………………………… 233
　　三、兰州地区民居——马宅 ………………………………………………………… 235
第五节　结语 ……………………………………………………………………………… 236

第八章　青海民居 …………………………………………………………………………… 239

第一节　青海民居特征概述 ……………………………………………………………… 241
　　一、三江源文化圈：青南高原区 …………………………………………………… 242
　　二、丝绸南路文化线：西北部地区 ………………………………………………… 242
　　三、河湟文化圈：东部地区 ………………………………………………………… 242
第二节　河湟地区庄廓民居 ……………………………………………………………… 243
第三节　撒拉族民居 ……………………………………………………………………… 250
　　一、撒拉族民族特点和居住习俗 …………………………………………………… 250
　　二、撒拉族庄廓 ……………………………………………………………………… 252
　　三、篱笆楼民居 ……………………………………………………………………… 253
第四节　结语 ……………………………………………………………………………… 256

第九章　西北民居的营造智慧及其当代发展 …………………………………………… 259

第一节　西北传统民居的营造智慧 ……………………………………………………… 260
　　一、气温 ……………………………………………………………………………… 260
　　二、降水 ……………………………………………………………………………… 263
　　三、采光及太阳辐射 ………………………………………………………………… 267
　　四、风 ………………………………………………………………………………… 269
第二节　西北传统民居的当代困境与发展策略 ………………………………………… 270
　　一、西北传统生土民居面临的发展困境 …………………………………………… 270
　　二、西北传统民居的当代发展策略 ………………………………………………… 271
第三节　陕县官寨头生态窑居示范村案例 ……………………………………………… 275
　　一、村落概况 ………………………………………………………………………… 275
　　二、村落布局 ………………………………………………………………………… 276
　　三、窑居生态改造与更新示范 ……………………………………………………… 276
第四节　结语 ……………………………………………………………………………… 278

主要参考文献 ………………………………………………………………………………… 280
后记 …………………………………………………………………………………………… 281
作者简介 ……………………………………………………………………………………… 282

第一章　环境概述

第一节 自然环境概况

西北地区是中国四大地理区域之一，其面积约占中国陆地面积的32.4%。从地理科学角度看，西北地区包括黄土高原西部、渭河平原、河西走廊、青藏高原北部、内蒙古高原西部、柴达木盆地和新疆大部的广大区域。西北地区通常简称为"西北"，其行政区划包括陕西、甘肃、宁夏、青海、新疆三省二区（图1-1）。

西北地区深居内陆，四周多高山，来自海洋的湿润气流很少能够到达，处于中国三大自然区域的交汇地带，跨越东部季风区域与西北干旱区域，因而形成了我国最干旱的地区，属于典型的温带大陆性干旱、半干旱气候。区域内降水自东向西、由南至北逐次递减。

受篇幅所限，本书中"西北民居"的研究内容仅以陕、甘、宁、青三省一区民居、聚落为范畴，而新疆民居因其地理、区域文化以及建筑特征等诸方面存在较大差异性，其内容自成一册。

一、陕西

陕西全省面积20.58万平方公里。地势南北高，中间低，西部高，东部低，地形复杂多样，北部为陕北黄土高原，中部为号称"八百里秦川"的关中平原，南部为陕南秦巴山地。全省河流以秦岭为界，南北分属长江水系和黄河水系（图1-2）。

陕西横跨三个气候带，南北境内气候差异很大，由北向南渐次过渡为温带、暖温带和北亚热带。陕南具有北亚热带气候特色，关中及陕北大部分地区具有暖温带气候特色，长城沿线以北具有中温带气候特色。其总体特征是：春暖干燥，降水较少，气温回升快而不稳定，多风沙天气；夏季炎热多雨，间有伏旱；秋季凉爽，较湿润，气温下降快；冬季寒冷干燥，气温低，雨雪稀少。全省年平均气温9～16℃，自南向北，自东向西递减，平均年降水量340～1240毫米，南多北少，即陕南为湿润区，关中为半湿润区，陕北为半干旱区。

图1-1　西北地区行政区位图

图1-2　陕西省地理分区示意图

图 1-3　关中地理环境　　　　图 1-4　关中地区典型民居　　　　图 1-5　陕南地理环境

　　关中平原地处秦岭山地的北侧,北界"北山",东起潼关港口,西迄宝鸡峡,南抵秦岭。区域东宽西窄,东西长约 360 公里,海拔 322～600 米,平均海拔 520 米,总面积 39064.5 平方公里。区域内地形,从渭河河槽向南、北两侧,地势呈不对称性阶梯状增高,由一、二级河流冲积阶地逐渐过渡到高出渭河 200～500 米的一级或二级黄土台塬。其中,宽广的中部阶地平原是关中土地最肥沃的地带;渭河北岸二级阶地与陕北高原之间分布着东西延伸的渭北黄土台塬;渭河南侧黄土台塬断续分布,呈阶梯状或倾斜的盾状,由渭河平原向秦岭北麓缓倾。关中素有"八百里秦川"的美誉,是陕西人口、聚落密集的主要区域,其传统民居以合院式建筑为主,北部塬地亦有各式窑洞分布(图 1-3、图 1-4)。

　　陕南北倚秦岭、南屏巴山,"两山夹一川",汉江自西向东穿流而过。陕南山地众多,海拔变化剧烈。北侧秦岭以太白山为主峰,向西分为三支,由北而南山势渐低,至汉中盆地边缘已成低山丘陵。太白山以东山势逐渐递减,在商洛地区山势结构如掌状向东分开,间以红色断陷盆地和河谷平地。南部巴山为西北至东南走向,其上游系峡谷深涧,中、下游迂回开阔,形成许多山间小"坝子"。坝子中有两级河流阶地,农田、村镇较为集中。汉江谷地以西属嘉陵江上游低山、丘陵区,地势起伏较和缓,谷地较开阔,是陕、川间主要的水陆通道。陕南民居以合院式建筑为主,其形态受蜀、楚建筑文化影响较大(图 1-5、图 1-6)。

　　陕北黄土高原处于我国第二级地形阶梯之上,海拔 800～1300 米,其北部为毛乌素沙漠风沙区,南部是黄土高原丘陵沟壑区,总体地势西北高、东南低。陕北黄土高原经严重侵蚀,沟壑纵横,崩梁交错,大部地区已成为破碎的梁峁丘陵,沟谷深度大都在 50～200 米左右,水土流失严重,是黄河泥沙来源区。其间只有少数基岩低山凸起在高原之上,状似孤岛。区域内生态环境脆弱,抵御自然灾害的能力较低,恢复困难。陕北地形地势较为复杂,农业聚落形态往往随之作相应变化,其位于塬面上的聚落集中,而位于

图 1-6　陕南地区典型民居

图 1-7　黄土高原地理环境（李志萍　摄）

图 1-8　陕北地区典型民居

沟谷间的聚落较为分散。由于气候寒冷，陕北民居多以各类窑洞为主（图1-7、图1-8）。

二、甘肃

甘肃地处黄土、青藏和内蒙古三大高原交汇地带，大部分位于中国地势二级阶梯上，东接陕西，南邻四川，西连青海、新疆，北靠内蒙古、宁夏，并与蒙古人民共和国接壤。境内地貌复杂多样，山地、高原、平川、河谷、沙漠、戈壁，类型齐全，交错分布，地势自西南向东北倾斜，地形呈狭长状。按其地貌形态可分为各具特色的六大地形区域：陇南山地、陇东黄土高原、甘南高原、河西走廊、祁连山地和北山山地（图1-9）。

甘肃从东南到西北涵盖了从北亚热带湿润区到高寒区、干旱区的多种气候类型。总体来看，省内气候干燥，气温日差较大，光照充足，太阳辐射强。年平均气温在0~14℃之间，由东南向西北降低。年均降水量300毫米左右，各地降水差异很大，在42~760毫米之间，自东南向西北减少。甘肃光能资源丰富，年日照时数为1700~3300小时，且自东南向西北增多。

甘肃陇东地区位于六盘山以东、子午岭以西地区，海拔1500~2000米，地势西北高，东南低。泾河是本区最大的河流，其支流是本区的主干水系，各条河又发育着许多冲沟和支流，形成了树枝状的水系网。受树枝状水系的长期侵蚀切割，以合道川为界，南部的黄土塬形成了13个具一

图 1-9　甘肃省在中国的位置

定规模的小黄土塬，北部形成了沟壑纵横、支离破碎的黄土梁峁地貌。由于地形变化剧烈，丘陵沟壑区民居建筑形态以各式窑洞为主，较为平坦的塬区则主要是土坯、砖木构筑的合院式建筑（图1-10、图1-11）。

甘南高原地处甘肃省西南部，青藏高原东北边缘与黄土高原的接壤处，位于青藏高原东部边缘一隅，地势高耸，平均海拔超过3000米，是以藏族为主的少数民族聚居地之一。甘南境内地貌复杂多样，西高东低，区域年平均气温1.7℃，降雨量400～800毫米，其草滩宽广，水草丰美，牛肥马壮。甘南民居建筑以藏族庄廓为主（图1-12、图1-13）。

甘肃河西走廊，东起乌鞘岭，西至古玉门关，南北介于南山（祁连山和阿尔金山）和北山（马鬃山、合黎山和龙首山）间，海拔在1000～1500米之间，东西长约900公里，南北长数公里至近百公里，因其位于黄河以西，故称河西走廊。在地理位置上，处于我国西北干旱区和青藏高原边缘。河西走廊属于祁连山地槽边缘拗陷带，沿河冲积平原形成武威、张掖、酒泉等大片绿洲，其余广大地区则分布为戈壁和沙漠。河西走廊整体地势平坦，民居建筑多以夯土、土坯砌筑的合院式建筑为主（图1-14、图1-15）。

图1-10　陇东典型地貌

图1-11　陇东地区典型民居

图1-12　草原典型地貌

图1-13　草原地区典型民居

图1-14 河西走廊绿洲典型地貌

图1-15 河西走廊典型民居

图1-16 宁夏回族自治区在中国的位置

三、宁夏

宁夏地处中国地貌三大阶梯中一、二级阶梯过渡地带，地形南北狭长，地势南高北低，其总面积为6.6万多平方公里，是中国面积最小的省区之一。宁夏地表形态复杂多样，境内有较为高峻的山地和广泛分布的丘陵，也有由于地层断陷又经黄河冲积而成的冲积平原。自北向南依次为贺兰山脉、宁夏平原、鄂尔多斯高原、黄土高原、六盘山地等，其南部是黄土地貌，以流水侵蚀为主，属黄土高原，北部则以干旱剥蚀、风蚀地貌为主，隶属于内蒙古高原（图1-16）。

宁夏气候受地形、地势、季风影响的程度不同，南北地区差异性显著。气温冬寒长、夏暑短，日照时间长且太阳辐射强。区内气温日差大，大部分地区昼夜温差一般可达12～15℃。宁夏干旱少雨，年均降水量300～677毫米，降水年际、年内分配极不均匀，降水量自南向北从677～183.4毫米依次缩减，而蒸发量自南向北从1200～2800毫米逐渐增加，体现出南湿北干的总体特征。

宁夏人口主要集中于中部平原和南部黄土高原地区两大区域。中部宁夏平原西起中卫县沙坡头，北迄石嘴山，斜贯自治区西北部，面积达1.7万多平方公里，海拔1100～1200米。宁夏平原以青铜峡口为界分为南北两部：南部为卫宁平原，面积窄小，宽仅2～10公里，坡度较大，农业引黄河自流排灌条件良好，地面径流及地下水均可顺利排入黄河，土壤盐渍化现象较少；北部是银川平原，为全区地势最低处，平原面积较广。宁夏平原地势平坦，土坯、砖木砌筑的合院式建筑分布广泛（图1-17、图1-18）。

宁夏南部是黄土高原的一部分，海拔在1500～2000米之间，上面覆盖着黄土，其厚度可达100多米，但薄的地方仅1米左右，黄土厚度大致由南向北逐渐削减。其中，六盘山主峰以南，流水切割作用显著，地势起伏较大，山高沟

图 1-17 宁夏平原地理环境

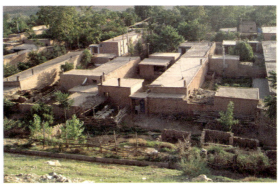

图 1-18 宁夏平原典型民居

深。六盘山以北的地区,由于降水少,流水对地表切割作用较小,除少数突出于黄土瀚海之上,状如孤岛的山峰之外,一般为起伏不大的低丘浅谷,又被称为"宁南黄土丘陵",相对高度在 150 米左右。凡有河流流过的地方,经河流的冲积,形成较宽阔的河谷山地,宜于发展农业生产,是重要的粮油产地。许多低丘缓坡也多开垦成农田。宁南地区房屋修建方式灵活,其平原、川道地区多为土坯合院建筑,而山地丘陵中则广泛分布着各式窑洞与土坯房混合型院落(图 1-19、图 1-20)。

图 1-19 宁夏南部地理环境

图 1-20 宁夏南部典型民居

四、青海

青海是青藏高原重要组成部分,境内除黄河湟水谷地及柴达木盆地等部分地区外,其余地区都在海拔 3000 米以上,是世界屋脊的重要组成部分。境内地形复杂、地貌多样,盆地、高山、河谷相间分布,草原、荒漠、沼泽错落相交,形成祁连山、昆仑山、阿尔金山和柴达木盆地"三山一盆"的总体格局。其中,东部湟水谷地位于达坂山和拉脊山之间,海拔 2300 米左右,地表为深厚的黄土层,是本省主要的农业生产区;西北部为柴达木盆地,海拔 600～3000 米,面积 20 万平方公里,盆地南部多为湖泊、沼泽;本区南部是以昆仑山为主体并占全省面积一半以上的青南高原,平均海拔 4500 米以上,人烟较为稀少(图 1-21)。

图 1-21 青海省在中国的位置

a. 青海主要地貌

b. 青海民居

图1-22 青海地理环境及民居图

青海全省属于高原大陆性气候，其年日照数2300～3600小时，昼夜温差较大，是中国日照时数多、总辐射量大的省份。青海平均气温低，境内年平均气温在-5.7～8.5℃之间，全省各地最热月份平均气温在5.3～20℃之间，最冷月份平均气温在-17～5℃之间。区域内降水量少，地域差异大，从17.6～764.4毫米不等。青海属季风气候区，大部分地区5月中旬以后进入雨季，至9月中旬前后雨季结束，这期间正是月平均气温不小于5℃的持续时期，雨热同期现象较为显著。

青海东部的湟水谷地是本省主要的农业生产区。湟水是黄河上游最大的一条支流，发源于大坂山南麓，河源高程4200米，向东流经湟源、西宁、乐都、民和等县市，于甘肃永靖县汇入黄河，流域面积32863平方公里。

由于地质构造的制约和水系发育的综合结果，湟水流域形成"三山两谷"的构造独特的地理景观。流域北界祁连山，南界拉脊山，中部的大坂山为支流大通河与干流湟水的分水岭。祁连山与大坂山之间为大通河狭长条状谷地，属高寒地区，山高谷深，林草繁茂，人烟稀少，水资源丰富。当地人民以牧业为主，具有青藏高原牧区特点，优良畜种主要有牦牛、藏绵羊。大坂山与拉脊山之间为湟水干流宽谷盆地，丘陵起伏，黄土深厚，人口稠密，居民以农耕为主。以小麦为主的种植农业历史悠久，水资源短缺，水的利用程度很高，呈现出黄土高原特点。由此形成了在一个流域内，干流和支流并行，而自然条件和社会经济条件迥然不同的两种地理景观区。这种特殊的农业景观格局造成了聚落、建筑形态上的巨大差异，即牧业地区人口稀少，其聚落结构较为松散，建筑多为帐房以方便迁徙；而农业地区人口相对稠密，聚落紧凑，数量众多，其民居多以土坯合院建筑为主。

青海西部柴达木盆地高寒缺氧，少雨多风，高原大陆性气候特征显著。年平均气温5.1～5.9℃，最高气温33℃，最低气温-40℃。年均降雨量为100～300毫米，西部地区一般只有十几毫米，年蒸发量为1000～3000毫米。盆地内有大小河流160多条，哺育着盆地中肥美的草原和农田，并在一定程度上调节了气候。盆地四周高原上长年不化的冰川雪层是这些河流的重要水源。盆地中大小湖泊90多个，总面积20000多平方公里，其中大多为咸水湖。柴达木地区整体聚落较为稀少，其形态因生产类别而定，建筑以传统帐房、碉楼、庄廓为主（图1-22）。

第二节 民族文化概况

一、文化历史

西北地区是华夏民族的祖先生息、繁衍的重要地区之一,也是我国历史上农业开垦、畜牧业发展和文化发展较早的地区。独特的地理区位,使西北正好处在中原农耕文化与北方草原游牧文化的交错地带,历史上,古戎羌、北狄、鲜卑等民族频繁进退于这处舞台,使其成为各民族密切交往的地区。多民族、多文化在这里冲撞融汇,自成风貌,孕育、产生了丰富而灿烂的地域历史文化,其兼有游牧文化、农耕文化、东西方文化与多民族交流融合的独特复合特征,塑造出风格迥异的区域精神传统和人文性格,屹立于中华文化之林。

陕西省地处我国内陆,濒临黄河中游,110万年以前就有人类生活在这里,是中华民族的摇篮。1963 年发现的"蓝田猿人",是中国发现的时间最早、最完整的头盖骨化石。约三四万年前,关中地区的原始人类逐步进入氏族公社时期。1953 年发现的西安半坡遗址,就是六七千年前母系氏族公社的一座定居村落(图 1-23)。公元前 28 世纪左右,黄帝、炎帝就曾在陕西活动过。公元前 21~前 16 世纪的夏朝时期,陕西就有扈国、骆国出现。公元前 11 世纪,周武王灭商,在陕西建都约 350 年。此后,又有秦、西汉、西晋、前赵、前秦、后秦、西魏、北周、隋、唐等 13 个王朝在陕西建都,时间长达 1180 年。此外,还有刘玄、赤眉、黄巢、李自成 4 个农民起义军在此建立政权计 11 年,赫连夏在定边、长安建都 24 年。陕西是中国历史上建都时间最长的省份,因古为秦地,故简称"秦",又因秦亡后,项羽曾将秦地分于三位将侯,所以又称"三秦"。

甘肃是华夏始祖伏羲氏的诞生地,并于此造文字、创历法,开创了人类文明之先河。考古发掘的大量文物证明,20 万年前的旧石器时代,就有先民在甘肃活动。秦安大地湾新石器时代早期

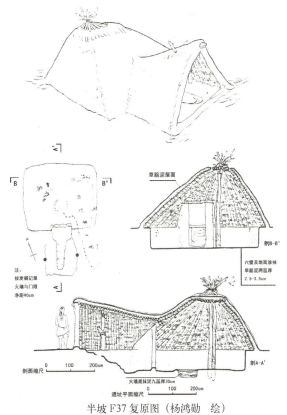

半坡 F37 复原图(杨鸿勋 绘)

图 1-23 半坡遗址平面及建筑造型

图 1-24 甘肃敦煌莫高窟

文化遗址的发掘表明,早在 7800 多年以前,甘肃的古老先民就用勤劳的双手和高度的智慧,在生产斗争中创造和丰富了我国独具特色的民族文化,成为黄河流域灿烂文明的开端。汉代以后,张骞出使西域,汉武帝置河西四郡,促进了河西走廊由游牧向农耕的转变,开拓了著名的"丝绸之路",使甘肃曾一度成为中西文化交流和欧亚商贸往来的热土(图 1-24)。

宁夏得名始于元代。元灭西夏,于至元二十五年(1228 年)改西夏为"宁夏",寓意平

图1-25 宁夏的文物古迹

a. 宁夏出土文物

b. 宁夏出土文物

c. 宁夏清真寺

d. 宁夏贺兰山岩画

e. 宁夏贺兰山

f. 宁夏贺兰山岩画

g. 宁夏一百零八塔

定西夏、稳定西夏、西夏"安宁"。宁夏历史渊源深厚，早在3万年前就产生了"水洞沟文化"、"细石器文化"、新石器时代的"仰韶文化"、"马家窑文化"以及"齐家文化"等远古人类文明遗址。宁夏作为中原文化与草原文化的过渡地带，又是河套文化与丝绸之路的交融区，加之地形复杂多变，民族众多，因此在漫长的历史过程中形成了多元文化格局。游牧狩猎文化、黄河灌溉文化、西夏文化、伊斯兰文化、长城文化等构成了宁夏多元文化中的亮点，并且以不同的形式承载着各个时期的历史文化资源。元代以后，尤其是明清以来形成的宁夏伊斯兰文化，是伊斯兰文化圈的重要组成部分，成为宁夏地域文化的主体文化之一（图1-25）。

青海古为西戎地，汉为羌地，隋置西海、河源等郡，唐宋属吐蕃，元代，其土地属宣政院管辖，明时属朵甘都司等，清初为卫藏地，后分设西宁办事大臣，又称青海办事大臣，为青海得名的开始。青海省内可分为三大自然地貌区域：西北部柴达木盆地区，青南高原区，东部低地区。青海区域地理背景的显著差异导致了自然生态景观和社会历史发展背景的显著不同，从而造就了境内特色鲜明的文化地域类型，即东部河湟文化、柴达木盆地绿洲文化和青南高原草原文化（图1-26）。

二、少数民族与宗教文化

西北是我国少数民族分布较为集中的区域，拥有回、藏、东乡、裕固、保安、蒙古、哈萨克、满、土、撒拉等数十个少数民族，其中，东乡、裕固、保安、萨拉为西北特有的少数民族，宁夏回族人口总数位居全国首位。

作为少数民族特色文化的有机部分，宗教的产生、分布往往与少数民族有着密切的关联。西北地区伊斯兰教、佛教、道教、天主教和基督教五大宗教俱全，教种齐，历史久，信徒多，分布广。其中，回族、维吾尔族、东乡族、哈萨克族、撒拉族和保安族等信奉伊斯兰教，藏族、土族大部分信奉藏传佛教，土族同时也信奉本教、道教及地方宗教，而汉族中的部分群众信仰佛教、基督教、道教、天主教。

（一）少数民族分布

甘肃省内少数民族众多，其中人口千人以上的有回、藏、东乡、裕固、保安、蒙古、撒拉、哈萨克、满等十多个少数民族，其中，东乡、裕固、保安为甘肃省特有的少数民族。甘肃回族主要聚居在临夏回族自治州和张家川回族自治县，散居在兰州、平凉、定西等地市；藏族主要聚居在甘南藏族自治州和河西走廊祁连山的东、中段地区，如天祝藏族自治县；东乡、保安、裕固、蒙古、哈萨克族主要分布在河西走廊祁连山的中、西段地区。

图1-26 青海的民俗风情及文物古迹

a. 青海民俗风情

b. 青海撒拉族村民

c. 青海塔尔寺

d. 青海塔尔寺

图1-27 宁夏回族民俗

图1-28 藏族及撒拉族民俗

a. 藏族民俗

b. 藏族民俗　　　　c. 撒拉族民俗

宁夏是一个多民族聚居的地方。宁夏回族自治区是中国回族最大的聚居地，回族人口约占自治区总人口的1/3，占全国回族总人口数量的1/5。宁夏回族形成历史悠久，最早可上溯到中唐时期，自元代开始，回民大量涌入，至明代，回族聚居群体基本形成。全区现有清真寺3300多处，阿訇4000多人，满拉6000多人，伊斯兰教协会13个。现有回族主要分布在宁夏南部固原市和吴忠市，其回族人口占宁夏回族人口的80%以上，其独特的宗教信仰、风俗人情创造了宁夏灿烂的回乡文化（图1-27）。

世居青海的少数民族有藏、回、土、撒拉和蒙古五族，人口总数218万，占全省人口的42.76%，聚居面积约占全省总面积的98%。藏族是青海省少数民族中人口最多、居住最广的一个民族，大多数分布在果洛、玉树、海南等藏族自治州；回族主要分布在本省东部和东北部，并与藏、土、撒拉、蒙古等少数民族混居；土族主要分布在青海省互助、民和、大通县等地；撒拉族是青海省独有的少数民族，主要聚居在循化撒拉族自治县及化隆回族自治县的甘都镇（图1-28）。

（二）宗教影响下的建筑特征

由于历史、地理、经济等多方面影响，少数民族大多有着自己的宗教信仰、民俗和民族礼仪，其居住文化丰富多样并且极具特色。蕴涵于民居文化、居住形态之中的礼仪和禁忌，往往与中原建筑风格、形态迥异，并在以建筑、聚落为载体的物化层面上有着鲜明的反映。

1. 伊斯兰教

伊斯兰教对民居建筑的影响体现在用色、装饰、布局等诸多方面。

伊斯兰教民居建筑内、外色彩处理中，喜用绿、白、黄、蓝、红五种色彩，其文化含义丰富而又深刻，知觉和表情亦呈多样性，与中原汉族建筑审美观念差异较大（图1-29）。

伊斯兰民居建造往往"围寺而居"，体现出清真寺在宗教生活中独一无二的重要地位。同时，为了平时走坟方便，往往将坟地设在村落不远的地方，构成回族聚落独特的景观。这与汉族忌讳民居与坟地相邻的风俗截然不同。

伊斯兰民居建筑中存在各种雕刻（包括木雕、砖雕、石雕、金属雕等）工艺装饰手法。其中，木雕分浮雕、半圆雕半浮雕、圆雕等类型，讲究主、副、子三线分明，深浅高低错落有致，并且与建筑彩绘相结合，与彩绘退晕技法相吻合。受伊斯兰教义影响，建筑装饰中没有任何形式的人或动物的图像出现，主要以几何图案、植物纹样甚至阿拉伯草书及变形体等为内容。雕刻大量地饰于墙体、门楣、门框、顶棚、梁、柱、枋、桁、斗栱等处，与之浑然一体。同时以拱、券为加工主体的建筑装饰艺术，表现了伊斯兰教众喜欢以曲线为突出表现手法的建筑造型物的文化传统，反映了外来阿拉伯伊斯兰文化对我国信仰伊斯兰教各民族民居装饰风格的深刻影响（图1-30）。

2. 藏传佛教

藏传佛教与民居建筑有着千丝万缕的密切关系，并且在宗教氛围的熏陶下，通过雕刻、装饰等多重手段，赋予民居建筑以特殊的美学意义。

信奉藏传佛教的民居中通常布置有专门供奉神佛的经堂，既是常见的宗教祭祀设施，也是信仰藏传佛教的人家的精神中心所在，其巨大佛龛往往占据一面墙，屋顶常插嘛呢旗，大门门楣上镶嵌"十相自在图"，外墙上绘制"拥忠"图案，内墙及壁柜上绘制吉祥的图案等。同时，庭院空间中的宗教活动煨桑烧香，是信奉藏传佛教群众日常生活的重要组成部分，所以在庭院中会留出一定的位置来作煨桑祭祀的空间（图1-31）。

受藏传佛教影响，民居室内装饰讲究工整、华丽、亮堂，上至顶棚下至与地板相接的墙角都采用雕刻、彩绘等艺术手段加以装点，尤其是横梁、柱头和大门等木结构建筑构件，是充分展示装饰才能的地方。墙壁上用绘制花卉、彩条来取得装饰效果，是传统建筑装饰的主要精华部分（图1-32）。

图1-29 回族建筑装饰色彩

图1-30 宁夏回族建筑雕刻

图1-31 藏族建筑佛教装饰

图1-32 藏族建筑传统装饰纹样

三、民俗风情

区位条件和自然环境的不同，使西北广大地区内的不同民族之间、同一民族在不同地区之间、

图1-33 陕北拜年风俗

同一地区在不同历史时期之间，民俗形态或内容都会发生某种程度的变化。

西北地区民俗风情又以陕北、回乡和藏区三个地区最具典型代表性。

（一）陕北民俗

陕北，泛指陕西延安、榆林地区，古称戎狄之地。在殷周以至宋元的20多个世纪里，陕北先后有猃狁、鬼方、土方、戎、狄、匈奴、吐谷浑、回鹘、突厥、党项及来自西域的龟兹人等一二十个西北方游牧民族，与华夏族错居杂处。在漫长的同化融合过程中，各民族固有的风俗习惯顽强地表现，并相互影响，逐渐同化为今天的陕北人，形成陕北民俗的多元化特色。

陕北男人忠厚善良、勤劳俭朴、待人诚恳、好客守信，一旦奋起，则敢于斗争，且十分勇敢，具有鲜明的北方汉子特点，曾涌现出蔑视权贵、勇武彪悍的李自成、张献忠等一代豪杰；陕北妇女心灵手巧、质朴善良，能勤俭持家、相夫教子、任劳任怨，极具忍耐与吃苦精神，精通针线、茶饭、绣花、剪窗花，随口即能吟唱信天游。

陕北文化深受游牧文化影响。20世纪60年代以前，陕北乡民的基本服饰是头扎白羊肚手巾，身着光板老羊皮袄和大裆裤，内着白褂子、红裹肚，脚蹬千层布底鞋，有的头戴毡帽，腿裹裹腿，脚穿毡靴，这些均反映了在陕北较为寒冷的气候条件下，人们从事农耕、游牧等不同生计活动的需要，以及历史上各游牧民族、农耕民族服饰文化的相互影响与继承。《汉书·匈奴传》载匈奴服饰："自君王以下，盛食畜肉，衣其皮革，被方向旃裘。"《旧唐书·党项传》载党项服饰："男女并衣裘褐，仍披大毯。"大裆裤、裹腿、头上扎羊肚手巾显然是由游牧民族服饰演化而来。饮食习惯上以熬食为主，其中手抓羊肉、羊杂碎、腌酸菜、大烩菜、熬土豆、炸油糕等历史上有名的地方传统风味小吃，多与在陕北居住的游牧民族的饮食习惯有关。

几千年的水土流失塑造了陕北黄土高原千沟万壑的地形地貌，在极度贫乏的物质条件和豪放粗犷的天性促进下，人们非常渴望宣泄内心的压抑和苦闷，由此诞生了反应陕北农民心声和愿望的陕北民歌。其中，既有表达对苦难生活的倾诉，也有对美好生活的向往，而更多的是一些爱情歌曲。家喻户晓的《兰花花》、《走西口》、《赶牲灵》等陕北民歌，滋补着陕北人的精神源泉，具有极其浓郁的生活气息和芳香的泥土味（图1-33）。

（二）回乡民俗

回族是中国少数民族中人口较多的民族之一，又称"回回"。以13世纪迁入中国的中亚、波斯、阿拉伯人为主，也包括了7世纪以来侨居中国的阿拉伯和波斯商人后裔在内，在长期发展中吸收汉、蒙古、维吾尔等族成分逐渐形成。

回族有大分散、小集中的居住特点，善于在多民族的交流、融合过程中保持自身文化的完整性。回族主要从事农业生产，兼营牧业、手工业。回族还擅经商，尤以经营饮食业突出。回族群众信仰伊斯兰教，伊斯兰教在回族的形成过程中曾起过重要作用，至今回族文化中仍保留了一些阿拉伯语和波斯语的词汇。

回族服饰与汉族基本相同，其不同主要体现在头饰上，回族男子多戴白色或黑色、棕色的无沿小圆帽，妇女多戴盖头：少女及新婚妇女戴绿色，中年妇女戴黑色、青色，老年妇女戴白色的（图1-34）。

回族文化艺术多彩多姿，尤以"花儿"最为出名。"花儿"是近代以来，回族人民传唱的一种主要艺术形式，主要流传在甘肃、宁夏、青海、新疆等回族聚居地区。在"花儿"对唱中，男方

图1-34 回族民族生活特点

a. 唐卡

b. 转经

图1-35 藏民风俗

称女方为"花儿",女方称男方为"少年",这种对人的昵称逐渐成为回族高腔山歌的名称,亦统称为"花儿"。按传唱地区划分,"花儿"又分为"青海花儿"、"河州花儿"和"宁夏花儿",其源头则为河州地区(今甘肃临夏)。

(三)藏区风情

藏族,是我国一个具有悠久历史文化的民族,自称"博"、"博巴"或"康巴"、"嘉戎哇"。青海藏族自称"安多哇"。古代汉文史籍称为"吐蕃"。新中国成立后统一称为藏族(信仰藏传佛教喇嘛教)。

藏区文化的可识别性极高,鲜艳的建筑色彩、成群的牦牛、闪亮的装饰、芬香的糌粑、神秘的天葬、绛红的袈裟、沉浑的梵音等,都为藏区所独有,形成藏文化的强标示性特征。同时,藏区文化是内聚型的,自然环境、社会制度和宗教制度,从主观上和客观上阻隔了藏区和外界的联系,外界文化的进入相对滞后,使得藏文化具有超常的稳定性。无论宏伟的寺庙、丰富多彩的民居,还是口头说唱的英雄史诗《格萨尔王传》,还是藏戏、壁画、唐卡等多种艺术形式,无不使其文艺景观呈现出缤纷多彩的独特面貌(图1-35)。

藏族素以勤劳、勇敢、强悍而著称,并一直从事游牧为主的畜牧生产。藏族还是一个能歌善舞的民族,藏族民歌抑扬顿挫,合辙贴韵,悦耳动听。藏族的歌舞旋律明快,节奏显明,舞姿优美,动作豪放。同时,藏族同胞还喜爱体育活动,赛马、赛牦牛、射箭、摔跤、登山等传统的民族体育活动十分普遍。

由于藏族笃信喇嘛教,喇嘛教对藏族的文化和风俗有深远的影响,其节日丰富多彩,大致可以分为年节、宗教性节日和娱乐性节日三类。年节即藏历正月初一的藏历年,具体时间依据藏历推算而定,年节习俗大体同汉族春节相近;宗教性节日,是指寺院中举行的各种宗教佛事活动,如祈愿法会、供养法会、"五供节"、观会以及佛的诞辰、涅槃、得道等日子,届时举行跳法王舞、晒大佛、转经等多种宗教活动;娱乐性节日,是每年七、八月份由各级政府组织举行的一年一度传统的群众性文艺、体育盛会,届时举行歌舞、射箭、赛马、赛牦牛、摔跤、篮球等文艺、体育活动,并伴有物资交流。

西北民俗风情丰富多彩,民俗影响着民居的演变与发展,聚落、民居又是这些民俗的物质载体。时至今日,随着信息时代的到来,外来文化的冲击,许多民俗文化已被淡化,也导致了民居的趋同现象(图1-36)。

图1-36 藏族生活生产场景

第二章　西北乡村聚落与民居建筑

聚落,是指一定的人群聚集于某一场所,进行相关的生产与生活活动而形成共同社会的居住状态。聚落作为一定人群或社会集团的居住地,是包括其住居及周围土地在内的一个整体。其中,乡村聚落是农民住宅的集合体,保留有大量鲜活的历史、文化、生态信息,更能集中体现出人与自然地理环境之间的交互作用。

第一节　西北乡村聚落的整体格局

西北幅员辽阔,其自然生态环境差异明显。一定的地理、气候条件对应于一定的放牧与农田耕作系统,进而产生了不同类型的农业景观,促进了聚落呈现出多样化的形态格局。

中国农业景观类型的划分主要以农业气候的相似性和差异性为原则,通常以400毫米等降水量线作为标志,即从大兴安岭西坡,经通辽、张北、呼和浩特、榆林、兰州、玉树、那曲,至日喀则附近,此线以东是中国主要的农业区,此线以西则是传统的牧业区域。即便在西北地区内部,农耕聚落也被划分成两种不同类型。其中,400毫米等降水线以东,是东亚季风主控的湿润区,依靠天然降水就可以进行农作物耕种。陕西大部、宁夏南部以及甘肃中、东部地区都是以此为农耕方式的地区,即旱作农业区。400毫米等降水线以西基本不受季风影响,气候干旱,农业依赖于灌溉,受灌溉水量、水质影响明显,形成灌溉农业典型代表,甘肃河西走廊绿洲皆隶属这一类型（图2-1）。

西北农业景观类型的差异,产生了诸如游牧与农耕、平原与山地、旱地与灌溉等聚落之间的重大分野,进而影响到农村聚落的分布结构及其内部形态特征。例如,以牧业为主或农牧兼顾的聚落通常房屋较少,院落宽大用以满足牲畜圈养与草料堆放,造成村落结构稀疏,形态松散。而以农耕为主的聚落,民居建筑复杂、形态紧凑、聚居人数较多,体现出对土地的珍惜与尊重（图2-2）。

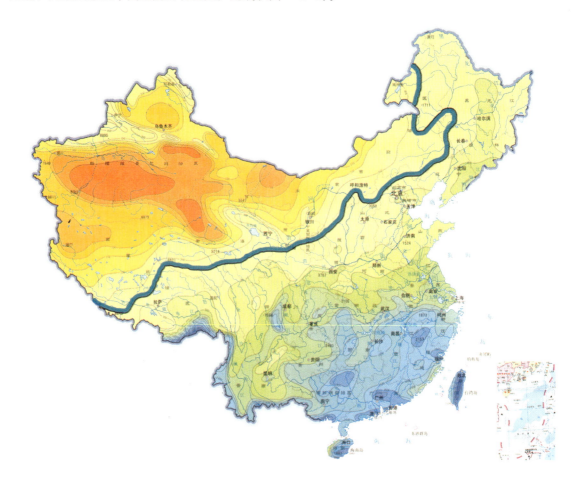

图2-1　中国400毫米等降水量图

a. 农耕聚落民居（陕西关中党家村）

b. 农耕聚落民居（甘肃河西走廊）

c. 游牧聚落民居（青海）

d. 游牧聚落民居（青海）

图 2-2　不同生产景观下的民居聚落

第二节　西北乡村聚落的基本空间形态

一、旱作农业区聚落类型

旱作农业聚落分布的地形地貌一般以黄土高原梁、峁山地和少量台塬地以及长城风沙滩地为主。地形的复杂多变以及农牧生产模式的差异，往往一县之内具有多种地形、地貌，居民通常依据地形或疏或密，形成了集居型和散居型聚落，其布局灵活而自由。

（一）带形聚落

这类聚落随地势、地形或流水、道路方向顺势延伸或环绕成线布局的带状空间，根据聚落所环绕对象的不同，又可以分为"临沟"和"滨水"两种。

临沟型聚落在黄土丘陵沟壑区最为常见，山区聚落受地形限制，多在"V"形冲沟两岸沿着等高线纵深展开。避免夏秋季节河水暴涨侵犯民居，同时也考虑到取水生活便利（图2-3）。

冲沟村落一般建在不宜耕种、沟坡陡峭的阳面，住户比较分散，各家院落以向阳的四五孔靠山窑为主体建筑，配以猪羊圈舍、厕所、院墙、门楼，组成一个基本居住单元。沟壑区靠崖修窑，前临沟壑，建筑进深方面受到限制，只能沿等高线方向发展。坦荡、开阔、层层展开的院落形态是冲沟村落的显著特点。滨水型主要分布在各河谷之中，因靠近水源而沿河道伸展（图2-4）。

带形聚落通常受地形制约，为线式扩张发展模式，即最早村落因其祖先迁来，以血缘为纽带，子孙繁衍，分家立户自然向两头延伸，多比邻而居，以便防护安全，互相支援。

（二）阶梯形聚落

阶梯形聚落广泛分布于黄土高原丘陵沟壑区各地，例如陕北、陇中、宁夏东南一带。这些地区千沟万壑，梁峁起伏，村庄多选址在向阳的较大坡面上，沿等高线阶梯状横向展开、层层发展，自远望去，"短垣疏篱，高下数层"、"层穴屋上屋"，通常形成多层集居形聚落景观，

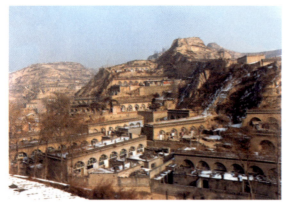
a. 陕北临沟型聚落

a. 滨水型聚落（青海循化）

b. 陕北临沟型聚落

b. 滨水型聚落（宁夏中卫）

c. 陕北临沟型聚落（米脂刘家峁）

c. 滨水型聚落（陕北安塞）

图 2-3 陕北临沟型聚落

图 2-4 滨水型聚落

十分壮观。有的村庄处在凹形的弧坡上，呈怀抱南向之势，窑洞院落都向心地布置在崖壁上；也有的处在凸形弧坡上，窑洞院落呈放射状布置，窑洞都朝向东南、南或西南方向，"多比户筑寨而居"。聚落中各家以夯土界墙隔开，沿等高线依次排开，各家大门基本朝向同一个方向。也有个别大户人家在黄土坡上开拓较大平地，修建窑洞四合院，如陕北米脂县刘家峁村姜耀祖宅院（图 2-5）。

（三）团状聚落

团状聚落是指聚落平面形状近于矩形、圆形或不规则的多边形。密集型聚落多分布于耕地资源丰富的平原、盆地和较大的塬地、川道内。

团状聚落多由最早定居者的住房前后、左右逐次拓展而来，其形成历史往往较为悠久，村落规模大、人数多，社会化发展水平高。聚落由内

a. 阶梯形聚落（固原双泉村）

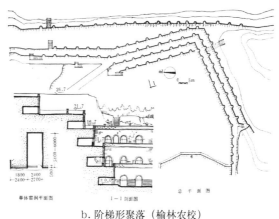

b. 阶梯形聚落（榆林农校）

图2-5　阶梯形聚落

向外发射几条骨干巷道，内部道路纵横交错，复杂多变（图2-6）。

（四）自由型聚落

自由型聚落是指建筑群布局没有规律，仅保证基本通风朝向，邻里之间没有明确的空间关系，或居址无固定地点，或一两家、三五家散处各地，实际上只是散布于地表上的居民住宅而已，通常被称为"三家村"聚落。自由型聚落多分布在青海西部、甘肃南部和陕西北部，尽管其平面特征相差无几，但形成原因相去甚远，深刻体现出农业生产景观对聚落形态的巨大影响。

青海西部、甘肃南部、陕西北部风沙滩地由于地处400毫米等降水线以西，气候寒冷，是典型的牧业生产区。由于家庭生产以放牧为主，其牲畜活动所需空间较大，因此尽管地形多平坦，也无法集聚生活（图2-7）。

a. 团状聚落（渭北）

b. 团状聚落（渭北）

c. 团状聚落（陕县）

d. 团状聚落（陕县）

图2-6　团状聚落

图2-7 牧业松散型聚落（青海）

陕北黄土高原丘陵沟壑区，地形支离破碎，起伏较大。村落可耕地稀少，通常有"不种百垧地，难打百石粮"的说法，在粗放型种植背景下，耕地种植区域日益广拓而聚落腹地内耕地数量少且高度分散，每户为了最大限度地接近自己的耕地而分散建宅，因此使得聚落之间彼此形态分散，联系相对较弱，"其四乡中有十余家为一村者，有三五家为一村者，甚至一家一村而彼此相隔数里、十里不等者"，最终构成了沟壑区聚落逐地而居、分布随机、结构稀疏的典型特征。例如，宁夏彭阳县"小岔"乡，曾被形容为"山大沟深崾肩宽，一家走一家得半天，羊肠小道秃岭荒山，出门是沟，抬头见山，鸡叫一声听三县（位于三县交界处），吃粮在20公里外打，看报如看月刊"，严重影响了农民的生活质量（图2-8）。

图2-8 农业松散型聚落（陕北黄土高原沟壑区）

二、灌溉农业区聚落类型

（一）临水型聚落

灌溉农业聚落分布的地形地貌一般较为平坦，但由于地处干旱地区，水资源的分布状况很大程度上决定了聚落的发展和分布，聚落因靠近水源而沿河道伸展，形成带状聚落。例如关中平原、宁夏卫宁平原、青海等地都是如此，川区聚落依小流域水系而设，如银南山区沿清水河和葫芦河、陕北无定河、榆河两岸分布有大量的村落。而在甘肃河西走廊地区及宁夏、陕西一些缺水地区，聚落索性沿人工渠道两旁分布："经营数载，渠道通畅，沿水各村，均受其益"（图2-9）。

（二）组团状聚落

灌溉农业区中，往往多个带形聚落随道路、水系构成群体组合空间，形成较为密切的功能组团，其内部具有一定规模，建筑较为密集（图2-10）。

三、特殊类型聚落

（一）放射型聚落

放射型聚落是以一点为中心，沿地形变化呈放射状外向延伸布局，形成视野开阔的空间形态。放射型聚落多以回族聚落为主。平原地区的回族聚落以清真寺为中心放射性展开，体现出"围寺而居"的布局风格，而山地聚落尽管受地形条件所限，建筑布置也尽量争取类似对称布局形态，体现出宗教信仰对聚落形态的强大影响。这种聚

a. 灌溉农业区临水型聚落（甘肃武威地区）

b. 灌溉农业区临水型聚落（甘肃敦煌地区）

图 2-9 灌溉农业区临水型聚落

a. 灌溉农业区组团状聚落（甘南）

b. 灌溉农业区组团状聚落（河西走廊）

图 2-10 灌溉农业区组团状聚落

居形式使处于大分散状态的回族人民保持着紧密的社会联系，最大程度地利用了有限的土地资源。村落内部布置讲究整齐对称，道路农田均呈规则形几何布置（图 2-11）。

（二）堡寨型聚落

堡寨型聚落主要分布在古代长城沿线区域，既是历史上军事聚落的演变产物，也反映出历史上区域动荡不安的社会局面。腹地平原中尽管也有遗存，但无论数量还是规模上均远逊之。

堡寨、墩台都有高大墙垣以起防御作用，直接塑造了乡村聚落的整体形状。其中，寨多三面为陡崖绝壁，一面夯筑高墙开寨门沟通内外。堡多为平地砌筑，四周砌墙，一般每侧都开有堡门。因此，寨多分布在山区，而平原地区常见各式堡，但近代以来，称谓多有混杂之处。

寨（堡）墙通常为夯土版筑构建而成，高达 6 米以上，堡中布置有宗祠、土地庙、住宅、晒谷场、牲畜圈、磨房、地窖等建筑，其修建需要花费一定的人力、物力，是传统聚落齐心协力、聚众自保的生动体现。由于聚落规模、修建地形存在客观差异，因此大小不一，围墙形状也多有变化，不能一概而论。有的墩台呈方形，为增强防御力量，往往"四角包砖"，有的四角设置瞭望用的角楼（图 2-12）。

图 2-11 放射型聚落（宁夏固原郭庄回族聚落）

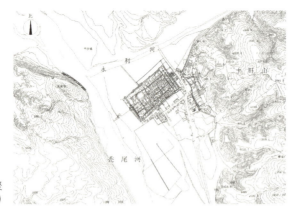

图 2-12 堡寨型聚落(陕北神木高家堡)

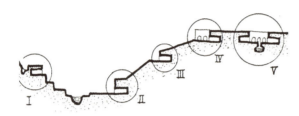

a. 山地聚落剖面图

b. 陕北临水聚落远眺

图 2-13 山地聚落

第三节 乡村聚落营建的影响因素

一、水源

"一方水土养一方人",水与土的选择成为聚落环境构建的最基本前提。

水源,是满足人畜饮水乃至农业耕种的必备资源,是聚落选址的首要原则。在西北干旱的生存环境下,聚落拥有足够的水源殊为重要,成为村落修建与否的先决条件。例如黄土高原沟壑地区洛川塬和董志塬,因地下水位低,井水不足,村落采取三面环塬、一面临沟的模式,沟底泉水是后备保障。而丘陵区村民多将窑院建在洪水侵袭线以上,又尽量靠近溪水的坡腰附近,以方便人畜饮用。有村落的地段,往往有泉水,或方便在沟下打井取水。近年来由于机械打深井,潜水泵的使用,促使新建窑院进一步向沟坡上部发展。甘肃河西走廊降水稀少,地势平坦,地下土质较为坚硬,但上游地表水丰富,村落多依渠而修建,形态规整(图 2-13)。

二、近地原则

聚落营建过程中一般秉承"近地优势",即生活区域到劳作区划两相适宜,而居住区到耕作地的距离取决于耕作技术、农具和两地往返时间,一般以 20～30 分钟徒步距离为耕作半径。例如山区窑洞村落多在山腰,兼顾到耕作、防洪及汲水三利。有时汲水距离稍远,是为换取一日三次往复耕作、送粪、运庄稼之便利。

平原区地势平坦,人口密集且劳作效率高,因此用地间距较为紧凑。而受到旱作农业生产方式择地而居的影响,越是生态环境恶劣,农业产能低下,劳动与居住地距离越大。更有甚者,索性在耕作区修建临时居民点,造成聚落"飞地"现象。

传统聚落为了尽可能地节约耕地,多选择沟坡地进行空间营建。例如,陕北地区,丘陵沟壑冲沟村落多选址于不宜耕种、沟坡陡峭的阳面,而甘南地区藏族住居多"就坡建村",建筑在不宜耕种的坡地上,簇团布局,户户毗邻,不占用或尽量少占用高原上难得的宜耕种的土地(图 2-14)。

三、土质选择

黄土高原地区农村聚落因为广泛采用窑洞,因此对聚落所在区域的土质也有一定要求,关乎窑洞寿命和使用安全。首先,一般选择离石黄土(老黄土)层,或选择垂直节理好,抗压强度高,厚度大的马兰黄土(新黄土)的部位,或选在礓石层的下部。还要选择地质构造长期稳定的地区,

a. 聚落与耕地（陕北）

b. 聚落与耕地（甘肃陇东）

图 2-14 聚落与耕地

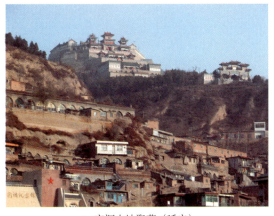
a. 窑洞山地聚落（延安）

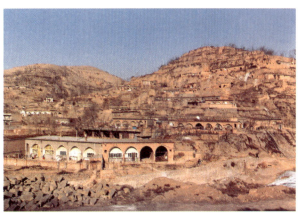
b. 窑洞山地聚落（陕北）

图 2-15 窑洞山地聚落

这些地区曾受到山崖变迁的考验，而滑坡、斜溜、塌陷、断裂、排水不畅等不稳定环境最忌营建村落。

聚落修建多据山峁沟壑形式，避开岩石层和泥石流及其他山体亦滑坡地段。村落沿沟坡立体延伸，纵向发展，有的村落则延伸到各山峁沟岔。村落上下延伸，则高低参差，院落分布在山腰和沟底，以不规则形状成村落布局。村落以峰回路转、渐次变化的美感示于人，形成不规则的村落构图。聚落建筑以院落为单元，或成排成线，沿地形变化，随山顺势，成群、成堆、成线地镶嵌于山体间，给人以苍凉、雄浑的壮美感受（图 2-15）。

四、风水文化与汉族聚落

风水文化主要在汉族聚落中盛行。考虑到北半球又是中纬度，偏于西北高寒地区因素，多选择避风向阳地段。避开正南、正北、正东、正西四个庙宇和官衙的位置，其余方向皆可，而尤以东南、西南方向最好。"占山要占西北山，夏天凉爽冬日暖"，更说明坐西北面东南的方位为最佳，普遍偏斜于正南 10°～15° 左右。具体而言，包括讲求"负阴抱阳"，保证视野开阔，追求四周环境协调等庞大内容，体现出聚落对气候的适应性（图 2-16）。

图 2-16 窑洞聚落选址（米脂刘家峁姜耀祖宅）

图2-17 回族聚落

a. 宁夏纳家户清真寺

b. 宁夏纳家户清真寺

c. 宁夏同心清真大寺

d. 青海循化孟达清真寺

e. 宁夏海原拱北

f. 宁夏吴忠道堂

五、少数民族聚落文化

西北地区少数民族以回、藏为主体。回族聚落不讲求风水，多选择坐北朝南、背阴朝阳、地势平坦、宽敞、干燥、忌低洼潮湿和易遭山洪水流冲刷处，以利保暖、避风、防寒。尽管聚落"围寺而建"，但穆斯林视清真寺为清静之地，故民居建造多与清真寺保持一定距离。回族住户大门禁忌向西开，且对民居间的邻里辈分、相互避让有所考虑，讲究后排房屋不宜比前排高，对回族聚落结构形态均有一定影响。除此之外，回族人为了平时走坟方便，往往把坟地设在离村落不远的地方，民居与坟地有时相距不远，构成与汉族迥然不同的居住文化风格（图2-17）。

藏族建村造屋，一般要先请喇嘛占卜打卦，选择地形和确定开工日期。建筑地基根据历算条

图 2-18　藏族聚落远眺

第四节　聚落与民居建筑

自然资源格局、地理环境要素对传统聚落中的建筑形式起了重大的影响作用，而就地取材、因地制宜，则是传统社会乡村聚落住宅建造的普遍应对法则。总体来看，西北地区乡村聚落主要有如下几种民居形式。

一、窑洞

西北地区腹地为黄土高原，黄土厚度可达100多米，其垂直节理性质也早为先民认识，加上土瘠民贫，居民"率多穴处，士民率多力耕"。窑洞冬暖夏凉，而且省工料，普通百姓非常偏爱这种住宅，窑洞在陕西北部、中部都有分布，最为普遍（图 2-19）。

（一）陕北窑洞区（图 2-20）

（二）渭北窑洞区（图 2-21）

（三）陇东窑洞区（图 2-22）

（四）宁南窑洞区（图 2-23）

二、土坯（夯土）式建筑

土坯（夯土）式建筑广泛分布于陕西、宁夏、青海、甘肃大部分平原和低山丘陵地带。

文和佛经上查看风水的条文，由历算师或喇嘛高僧等来选定，避免"天三角"和"地三角"的地形，因为三角形是佛教镇魔用的图形，属不吉利之图案，藏族最忌讳这种地形。建筑大门的朝向一般要请寺庙高僧选定，要面对当地的神山或山清水秀、风景秀丽之山，绝不能面向山口、大路或是怪石嶙峋的山，对村落内部格局有一定影响（图 2-18）。

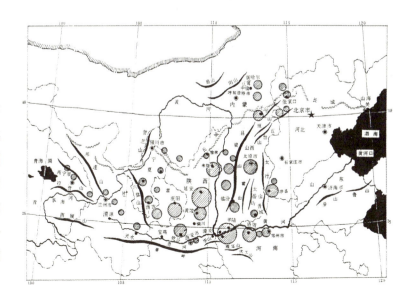

图 2-19　窑洞分布区位图

a. 陕北独立式窑洞

b. 延安大学窑洞群

图2-20　陕北窑洞

图2-21　渭北窑洞（下沉式窑洞）

图2-22　陇东窑洞

图2-23　宁南窑洞

"坯"在辞海中的原意之一是未经烧制的陶器、砖瓦。"土坯"即"土墼"、"胡墼"，指未经烧制的土块，其性能与普通烧结"砖"接近。作为"土"基本的衍生物，土坯使用灵活，制作极其简便易行，包括建筑墙体围护结构、屋面、围墙甚至炕、灶大多由土坯或以土坯为主砌筑。土坯墙类型多样，根据使用土坯数量多少，可以分为：①全土坯墙，墙体砌筑全部使用土坯；②填心墙，也称"金镶玉"，内填土坯，外砌砖块；③版筑土坯墙，墙体下半部为夯筑，上半部用土坯砖；④空心墙，内中空，外横砌土坯砖；⑤包砖墙，土坯墙体边角承重部位用砖块包砌；⑥木骨土坯墙（图2-24）。

夯土墙体施工多以版筑为主，选用纯生土或掺入适量材料，直接倒入安放在墙身位置的木模内分层夯实，其承重能力大，密实度高，整体性好。墙体厚度通常为36～50厘米，且自下至上有收分（图2-25）。

土坯（夯土）建筑屋顶坡度北平南坡，北缓南高，北无瓦南有瓦。其几何形态随降水量多寡

图 2-24 土坯砖

a. 夯土墙体施工

b. 夯土墙体

c. 夯土墙体施工

d. 夯土墙体

e. 夯土建筑

图 2-25 夯土墙体

呈现出特定规律。其中，无瓦平屋顶主要分布于400毫米等降水量线以下范围内（降水量线西侧地区）。由于区域内干旱少雨，蒸发量奇大，加之连续降雨时间短促且强度不大，因此屋顶处理基本不考虑降水因素的影响，多为略倾斜的无瓦平顶形式。单坡式屋顶主要分布在 400～500 毫米之间等雨量线范围之间，分有瓦和无瓦（草泥抹灰同前）两种形式。从建筑外观上看，房顶一面高，一面低，不起脊，入口出檐多在50厘米以上，有瓦硬山式屋顶大多分布在500毫米等降水量线范围以上地区。房屋前后两坡上端在屋脊处相交，从侧面看房顶呈人字形，出檐较大（图2-26）。

三、碉房

碉房是藏族最具代表性的民居，主要分布在青海南部玉树、果洛、黄南州的一些盛产石材的山峦河谷地带。藏胞的居住建筑多为石砌二层或局部三层楼房，大都建在背风向阳，能防御侵袭的山坡地段。为石木作，外墙用块石或片石砌筑，墙厚 80～100 厘米，墙上开孔少，门窗洞也很小，外形坚实、稳重、粗犷。按其形式可分为碉楼式

图 2-26 土坯建筑（甘肃民勤马宅）

图 2-27 碉房建筑（青海）

碉房，碉塔式碉房，独立式和院式碉房。

碉房底层布置牛、羊圈和杂用房，楼上住人，房内把最好的一间作为佛堂，其旁是卧室和厨房，有个别小的碉房是厨房和卧室同一间。门窗小，排列不整齐，室内采光差。屋顶为平顶，草泥面用石辊压光，屋面之上可作打麦场、晾晒柴草及作户外活动之处（图 2-27）。

四、庄廓

庄廓一词为青海方言，庄者村庄，俗称庄子。廓即郭，字义为城墙外围之防护墙，即由高大的土筑围墙、厚实的大门组成的四合院。典型的庄廓院坐北向南，面积1亩左右，平面呈正方形或长方形，版筑围墙厚约0.8米，高5米以上，南墙正中辟门，院内四面靠墙建房，形成四合院，以南北中轴线左右对称，中间留出庭院，可种植花木。受中国传统文化的影响，庄廓院内各方位的房子有固定的用途，北房亦称上房，是家中长者和客人的用房，建造时台基略高于其他房基，用料、装饰及规模上格外讲究。面阔五间或三间，单坡平顶，前出廊，土木结构，明间安四扇格子门，次间、梢间各安花格子窗，窗下砌砖雕槛墙。北房在冬季时用火炕煨热，十分暖和，有客来访，便请上炕，火盆烧起木炭火，温酒炖茶，闲话桑麻。夏季待客，就在前廊下置一大板床，上摆小炕桌，请客上坐，木板床也是一家人冬季向阳、夏季歇凉的地方（图 2-28）。

图 2-28 庄廓建筑

a. 庄廓建筑远眺（青海循化）

b. 庄廓建筑入口（青海循化）

五、帐房

帐房是游牧区的藏族在春秋季游牧时的住所，易建易拆，便于移动，而且遇暴风和雨雪时不漏、不卷、不裂，结实耐用，帐房又分牛毛帐房和布帐房两种。

牛毛帐房是牧民最普遍的居所，它是用牦牛毛织成的粗褐子拼缝而成的，厚约2～3毫米，可以撑张、收卷，面积为20～40平方米不等，略呈长方形。帐房内部用两根木杆支撑出房顶，高约2～3米，外部四周低于帐顶，分上下两层，用几十条牛毛绳用力向四周拉张，牛毛绳牢牢拴在固定于帐房四周的木橛子上。为使帐房充分鼓张，形成较大空间，上层牛毛绳的中段皆以低于帐顶高度的木杆支撑起来，为了防止冷风或雨水进入帐房，帐内底部四周用石头和草、泥巴砌成一道30～40厘米高的矮墙。帐房内陈设简单，无家具，地面中央设灶，盘有连锅炕，灶旁铺牛、羊皮隔潮，供坐卧休息，顺矮墙依次摆放食品、燃料、杂物等。帐房朝阳的一面开有一扇褐片小门供牧人进出，为解决采光和排烟问题，帐顶设有活动的天窗，根据需要移动褐片开、闭天窗（图2-29）。

图2-29　帐房远眺（青海）

第三章 窑洞民居

第一节 窑洞民居的形成环境

一、黄土高原与窑洞民居

黄土高原位于长城以南，秦岭以北，贺兰山、日月山以东，太行山以西的广大地区，包括山西、陕西、甘肃、宁夏、青海、内蒙古、河南五省二区的部分地区，总面积53万平方公里，占全国总面积的5.55%（图3-1）。

黄土高原的地势，西北高而东南低，除少数石质山（吕梁山、六盘山、屈吴山、黄龙山、子午岭等）突出于黄土之上，其他均为黄土所覆盖，其厚度一般为50～150米，最厚处可达200米。

天然的黄土层为原始人类居住提供了条件，"黄土"是该地区最普遍的建筑材料，它含有矿物成分有60多种，以石英构成的粉砂为主，因而黄土地层构造质地均匀，抗压与抗剪强度较高，可视为富有潜力的结构整体，在挖掘窑洞之后，仍能保持土体自身的稳定。黄土生成历史愈久远，堆积愈深，土质就愈加密实，强度也就越高。按黄土生成年代的久远程度，地质学上对黄土进行了划分和命名，即早更新世时期堆积的古黄土（午城黄土），中更新世堆积的老黄土（离石黄土），和晚更新世堆积的新黄土（马兰黄土），全新世堆积的现代黄土（次生黄土）。

午城黄土，土质紧密坚硬，无大孔，无湿陷性，多呈钙质胶结层分布，但土层坚硬开挖困难，民间多以此土加工作为涝池及水窖的防渗层。离石黄土，有柱状节理，土层大孔基本退化，土质较紧密，有轻微或无湿陷性，是黄河中游黄土构造的主体，此层土质密实，力学性能好，是挖掘黄土窑洞的理想层。马兰黄土，覆盖在老黄土的面层上，颜色灰黄，分布广泛而土层较薄，它土质均匀松软，呈垂直节理，大孔发育，有一定的湿陷性。另有次生黄土，是由冲积、洪积、坡积、风积等形成，分布于河漫滩、低级阶地、山间洼地的表层和黄土塬、梁、峁的坡脚或山前坡积地带，土质松软且不稳定。马兰黄土的上层与次生黄土层是不可开挖窑洞的土层。

早在石器时代，原始人就在这里用黄土建造了各种建筑。如西安半坡氏族聚落遗址属新石器时代早期的仰韶文化类型，距今6000年，半坡遗址的半穴居、穴居和地面建筑都以天然黄土为主要建筑材料。宁夏菜园早期聚落遗址发掘的窑洞距今已4000年，是窑洞的祖先。原始人在天然黄土断崖上营造洞穴这一居住形式，发展到今天即是中国西北黄土高原的窑洞居住建筑。这种沿黄土陡坡或向地下开凿的窑洞，融于大自然环境中，有冬暖夏凉的特点，是原始而朴素的原生态型建筑。黄土高原地域辽阔，地貌多样，聚落环境与居住建筑因地理位置与地貌的不同而呈现多种类型（图3-2）。

（1）河谷平原地区（关中平原和汾河盆地）属暖温带半湿润气候，年平均降水量500～750毫米，局部具有灌溉条件，农作物产量稳定，村镇聚落发育成熟（图3-3）。房屋院落比较集中，以木结构土坯墙瓦顶为常见类型，院落以四合院为主要空间形式。如陕西关中传统四合院村落韩城县的党家村、旬邑县的唐家大院等，都为此类聚落的精品。

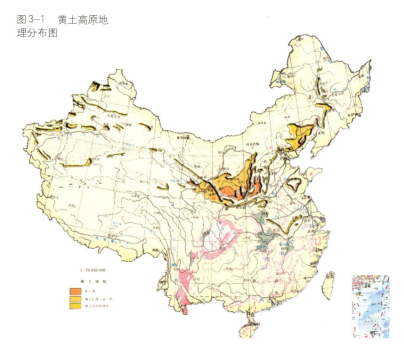

图3-1 黄土高原地理分布图

a. 沿黄土坡窑洞聚落

b. 下沉式窑洞聚落（胡民举 摄）

图 3-2 窑洞聚落

图 3-3 河谷平原地貌

图 3-4 高原沟壑地貌（胡民举 摄）

（2）高原沟壑区（图 3-4）（渭北台原、陇东高原）属暖温带半湿润易旱地区，这一地区年平均降水量在 550 毫米左右，容易发生干旱，地下水缺乏，但该地区土地资源丰富，山、川、塬[1]皆有，旱地小麦优质高产，是国家北方旱作农业区粮食重要生产基地。高原沟壑地貌多样，人居环境亦呈现出多元化形式，有平原区的砖瓦房四合院，有地下窑洞四合院（乾县、淳化、永寿、三门峡等地），还有大量的窑洞与瓦房结合的院落。

（3）丘陵沟壑区（晋西北、陕北、陇中、宁夏东南部和青海东部）属中温带干旱与半干旱气候，年平均降水量 350～550 毫米（图 3-5）。

图 3-5 丘陵沟壑区

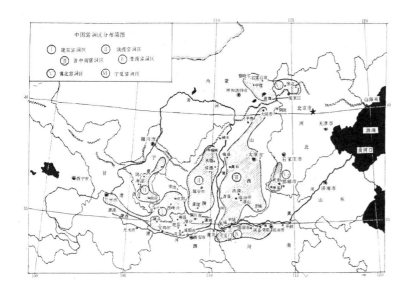

图3-6 中国窑洞分布图

这一地区占黄土高原面积的一半,千沟万壑,梁峁起伏,冬季寒冷(-20℃),窑洞建筑是这一地区的一个显著特点。村落大多选址在冲沟的阳坡上,沿等高线顺沟势纵深发展。如陕北米脂县有自然村落396个,90%建在沟坡上。村落结构较松散,由于依山坡而建,并随沟壑走势变化,所以层层叠叠。从整体看,具有丰富的层次变化及村落轮廓线。这种在冲沟内发展的村落,特别是在坡度较陡的土坡上,高一层的窑居院落往往是下一层窑洞的平顶。依靠山体挖掘窑洞,使窑洞在这里发挥出节约土地的优越性。这一地区光照充足,年辐射总量为540～580千焦/平方厘米,年日照时数为2700小时。该地区窑洞民居南向开窗面积尽量大,以利冬季最大限度地接纳太阳光能,提高窑内温度。大面积开窗是该地区窑洞建筑外观的显著特征。

二、窑洞民居的分布

中国窑洞民居主要分布在甘肃、山西、陕西、河南和宁夏等五省区,河北省中西部和内蒙古中部也有少量分布。1980年12月,在时任中国建筑学会副理事长、规划大师任震英先生的主持下,成立了"中国建筑学会窑洞及生土建筑调研组",对西北各省区及河南、山西的窑洞进行了普遍调查与测绘研究。通过大量的田野调查,对窑洞及生土建筑的主要分布、基本类型、形态特征进行了详细的测绘与统计,积累了宝贵的研究素材,为以后的研究工作奠定了基础。本节关于窑洞民居的分布及统计数据均采用当时的调研成果,从中可以看出窑洞在西北民居中所占的分量(图3-6)。

在甘肃省,窑洞主要分布在东北部,如庆阳、平凉、天水、定西等地。在20世纪80年代的统计中,庆阳地区的窑洞民居占当地各类型房屋建筑总数的83.4%,平凉县占72.9%,崇信县农村竟达93%。

在陕西省,黄土窑洞分布在秦岭以北的渭北旱原地区及陕北地区,占大半个省区。据20世纪80年代统计,渭北旱原的乾县吴店乡有70%的农户住地下窑洞,乾陵乡韩家堡村有80%的农户住下沉式窑洞,三原县新兴镇柏社村有90%农户住在窑洞院落;陕北米脂县农村80%～90%的农户均以窑洞为家,榆林、神木一带则以砖、石窑洞为多。

在宁夏回族自治区,窑洞主要分布在固元、西吉、同心、隆德、盐池一带。以靠山窑和独立式窑洞为主,多数是窑房结合,窑洞所占比例不及陕西。

在山西省,全省均有黄土窑洞,其中以晋南的临汾地区、运城地区和太原地区为代表。晋东南地区、晋中地区以及雁北的临县、离石、浦县、大同、保德等地均有黄土窑洞分布,遍及30多个县。据20世纪80年代统计,阳曲、娄烦等地有80%以上人口住窑洞;平陆县农村的76%以上人口住窑洞;临汾的张店乡则有95%的农户住下沉式窑洞;临汾的太平头村和平陆县的槐下村约有98%的农户住在窑洞中;永阳县和浮山县也有80%以上的户数住窑洞。

在河南省,窑洞分布在郑州以西、伏牛山以北的黄河两岸,主要是巩义、偃师、洛阳、新安、荥阳、三门峡、灵宝等地。据20世纪80年代统计,巩义有50%的农户住窑洞;灵宝各类窑洞占住房总数的40%;三门峡陕县农房中窑洞(包括土坯拱窑洞)约占70%。据对洛阳邙山、红山、

图 3-7 甘肃环县 2004 年新建窑洞

图 3-8 三门峡 2007 年新建下沉式窑洞

孙旗屯与白马寺等四个乡及孟津、伊川、新安等县的调查，当地约有 50%～80% 的农户住窑洞；葛家岭村第四自然村 92% 的住户住窑洞。

此外，在河北省西南部太行山麓的武安、涉县等地以及中部和西南部地区，在内蒙古自治区的中部，在青海省的东部等地，也有一定数量的窑洞分布。

以上内容是 20 世纪 80 年代中期的调查成果，二十多年后的今天，中国农村经济发生了重大变化，许多世代居住在窑洞的人家盖起了新的砖瓦房，形成一股"弃窑建房，别窑下山"奔小康的潮流，致使大量的窑居村落衰落、消亡。西北地区窑洞生存情况也发生了变化，但总体上大的分布变化不大，而窑洞的数量却减少很多。如陕西淳化县十里原乡梁家村，1982 年调查时全村 82% 人家住在下沉式窑洞，2006 年再次调查时仅有 8% 人家，且都是老年人住在原有的窑洞院内。陕西乾县乾陵脚下的韩家堡 20 世纪 80 年代有 80% 居住在窑洞，到 90 年代末建起了新村，全村告别了窑洞。近十几年来，渭北旱塬地带大量种植苹果，农业产业结构发生变化，农民收入增加，普遍建设砖瓦房新居，致使窑洞的减少、消失最为显著。而陕北及甘肃环县等地，由于气候的寒冷，窑洞数量虽有减少，但至今仍有人在新建窑洞，新建的窑洞在结构与装修质量上均比上一代窑洞提高许多（图 3-7）。

在河南三门峡地区，由于当地旅游业的发展，致使一批下沉式窑院得到保护，政府与开发商出资，对其进行改造与装修，使老窑洞焕发出青春活力。这一举措影响了周边的村民，许多有经济能力的人家也开始精心改造与装修窑洞，用于搞"农家乐"个体旅游业或自住。总之，人们开始重新认识窑洞的价值，并自觉的保护窑洞民居（图 3-8）。

第二节　窑洞民居的基本类型

黄土高原的地形、地貌及生态环境塑造了独特的民居形态，那些以窑洞建筑组成的村落，以其特有的风采屹立于中华村镇之林，构成黄土高原特有的居住文化形态。窑洞民居大多建在不适宜耕作的沟壑坡地，并以最简单的"减法"营造方式挖洞。无论是在开阔的河谷阶地，狭窄陡壁直立的沟崖两侧，还是后来由于种种自然、社会因素逐步扩展到沟顶、塬边缘及塬上，都密布着窑洞村落。

在沿河谷阶地和冲沟两岸，多辟为靠崖式窑洞或靠崖的下沉式窑洞。在塬边缘则开挖半敞式窑院。在平坦的丘陵、黄土台塬地上，没有沟崖利用时，则开挖下沉式地下窑洞（又称地坑院）。

在窑洞分布区，村民一般结合地形习惯于窑洞和房屋结合的居住方式。在沟壑底部，基岩外露，采石方便的地区和产煤多的地区（如陕北的延安、榆林，山西的雁北、晋南的临汾、浮山等地），窑居者都喜欢用砖、石或土坯砌筑的独立式窑洞。在陕北偏僻的乡间，也有规模很大的窑洞与房屋共同组建的大型窑洞庄园。如米脂县刘家峁村姜耀祖庄园、杨家沟马祝平新院等，是这种富裕人家居住的窑洞民居经典（表3-1）。

窑洞类型示意图表　　　　　　　　　　　　　表3-1

类型		图式	主要分布地
（一）靠崖式窑洞	靠山式		陕北窑洞区 延安窑洞区 晋中窑洞区 豫西窑洞区
	沿沟式		陕北窑洞区 延安窑洞区 豫西窑洞区
（二）独立式窑洞	砖石窑洞		陕北窑洞区 延安窑洞区 晋中窑洞区
	土基窑洞		陕北窑洞区 晋中南窑洞区
	其他类型		陕北窑洞区 晋南窑洞区
（三）下沉式窑洞			渭北窑洞区 晋南窑洞区 豫西窑洞区

图 3-9　靠山窑（左）
图 3-10　接口窑（右）

一、靠山式窑洞

（一）靠山窑洞

靠山窑洞，出现在山坡或台塬沟壑的边缘地区。窑洞依靠山崖，前面有开阔的川地。这类窑洞要依山靠崖挖掘，必须随着等高线布置才合理，所以多孔窑洞常呈曲线或折线形排列。因为顺山势挖窑洞，挖出的土方直接填在窑前面的坡地上构筑院落，既减少了土方的搬运，又取得了不占耕地与生态环境相协调的良好效果。

根据山坡的倾斜度，有些地方可以布置几层台阶式窑洞。台阶式窑洞层层退台布置，底层窑洞的窑顶，就是上一层窑洞的前院。在山体稳定的情况下，为了争取空间也有上下层重叠或半重叠修建的（图 3-9）。

（二）靠山接口式窑洞

靠山接口式窑洞，是在沿冲沟两岸崖壁基岩上部的黄土层中开挖的窑洞，与就地采石箍石拱相结合的类型。此类窑洞只在窑脸和前部砌石，纵深部仍利用黄土崖，当地俗称"接口窑洞"，陕北许多农户喜欢这种窑洞，在陕北许多狭窄的沟谷中散布着大量的此类窑洞（图 3-10）。

二、独立式窑洞

从建筑和结构形式上分析，独立式窑洞实质上是一种覆土的砌筑拱形建筑。人们在平地上用土坯或砖石砌拱，然后覆土建成窑洞，这种窑洞不依赖山体，可又兼有靠山窑冬暖夏凉的优点。这种窑洞可在前后两头开窗，通风和采光都比靠崖式窑洞好。独立式窑洞分为三大类：

（一）砖石窑洞

在陕北窑洞区内，由于山坡、河谷的基岩外露，采石很是方便，当地农民便因地制宜，就地取材，利用石料建造石拱窑洞。因为其结构体系是砖拱或石拱承重，无须靠山依崖既能自身独立，形成一种独立式窑洞，又因为砖石拱顶部和四周仍需掩土 1~1.5 米，故仍不失窑洞冬暖夏凉的特点。近年来农村经济水平提高，大多数农户新建窑洞都采用这种砖石砌筑的窑洞，就连新建的下沉式窑洞也采用此种方法，如河南三门峡新建地坑院（图 3-11）。

（二）土坯窑洞

在黄土丘陵地带，土崖高度不够，在切割崖壁时保留原状土体作窑腿和拱券模胎，砌筑土坯拱后，四周夯筑土墙，在土墙内分层填土夯实，厚 1~1.5 米。待土坯窑洞干燥达到一定强度后，再将土拱模掏空，实质上是人工建造的一座土基式窑洞。土基土坯窑洞一般用契形土坯砌拱。土坯尺寸为 300 毫米 ×350 毫米 ×65 毫米。另一种是在平地上以夯土墙作窑腿，在窑腿上砌筑土坯拱，四周再夯筑土墙。这种土坯窑砌筑时需要有模具支撑，但也有的地方工匠不依靠模具，凭

a. 砖石独立窑洞

b. 新下沉式砖石窑洞

图 3-11　砖石窑洞

着熟练的技艺将契形土坯砌成拱形。

土坯窑洞屋顶形式，除掩土夯实做成平顶之外，还有在夯土上铺瓦做成双坡、四坡或锯齿形屋顶的，更有讲究的人家在土墙外侧贴平砖以防水，同时更加美观。这种外观似砖木结构房子的土坯窑，在甘肃庆阳地区多见。在宁夏西海固地区，受经济条件的制约，当地回族村民多建土坯窑洞。由于这里降雨量少，当地的土坯窑洞顶部不覆土，在土坯拱上仅以草泥抹面，具有浓厚的地域特征（图3-12）。

（三）下拱上房

砖石独立窑洞四面临空（俗称四明头窑），将顶部做平，在窑顶上建造房屋或造窑上窑。此类窑洞在山西多见，一般是下部砖石砌筑窑洞，上部建造木结构房屋，大多上部带有檐廊。也有在上部继续砌筑砖窑附带檐廊。

独立式窑居不受地形限制，可以灵活布置，还可以构成三合院、四合院的窑洞院落，或以窑和房屋混合组成院落。山西吕梁、晋中地区的许多窑洞都是窑上建房的典型例子（图3-13）。

a. 土坯独立窑洞

b. 双坡屋顶土坯窑洞剖面

c. 双坡屋顶土坯窑洞土坯外墙面

d. 双坡屋顶土坯窑洞外墙贴砖

图 3-12　土坯窑洞

a. 窑上建窑

b. 窑上建房

图 3-13 拱上建房

三、下沉式窑洞

下沉式窑洞，也称地下窑洞。在黄土塬的干旱地带，没有山坡、沟壑可利用的条件下，农民巧妙地利用黄土的特性（直立边坡稳定性），就地挖下一个长方形地坑（竖穴），形成四壁闭合的地下四合院，然后再向四壁挖窑洞（横穴）。9米见方的天井院每个壁面挖两孔窑洞，共八孔，陕西渭北地区称"八卦地倾窑庄"；9米×6米长方形的天井院挖六孔窑洞，均以其中一孔作为门洞，经坡道通往地面（图3-14）。河南豫西的洛阳、三门峡地区，下沉式窑洞的天井院尺寸比较大，有12米×12米和8米×12米的。正方形院子挖12孔窑，长方形院子挖10孔。因豫西地区降雨量比渭北旱塬大，地下天井院四壁多作防雨措施。如在窑口上部做披水挑檐和女儿墙，经济条件好的有将整个崖面（俗称"窑脸"）用青砖砌贴。渭北与豫西地区下沉式窑洞开窗普遍小，不像陕北靠山窑那种满堂窗，仅靠门扇和上部亮窗采光、通风，故而洞室内夏季有潮湿、光线暗的缺点。在甘肃庆阳地区的宁县，陕西永寿、淳化县等地，还发现有地下街式的大型下沉式天井院：十多户共用一个这样的天井院，并共用一个坡道下到地下，各户的围墙之间留出一条胡同后，再修自家的宅门（图3-15）。

这种下沉式窑洞，在各窑洞区民间的俗称不尽相同，如河南称"天井院"或"地坑院"，陕西渭北称"地倾窑庄"、"八卦庄"。从分布上看，

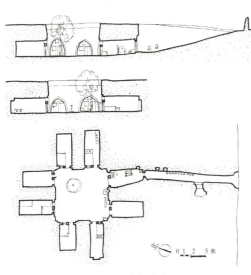
a. 八卦地倾窑庄

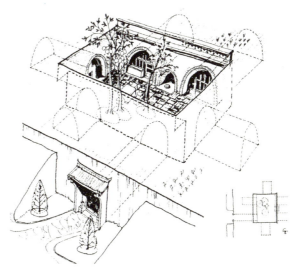
b. 六孔窑洞天井院

图 3-14 下沉式窑洞示意图

甘肃陇东庆阳地区中南部的董志塬、早胜镇等塬区较多；山西省内主要分布在运城地区的平陆、芮城；陕西省内主要分布在渭北台塬带的永寿、淳化、乾县、三原北部等；河南省内主要分布在巩义、洛阳的邙山地区以及陕县、灵宝等地较多。

挖下沉式窑洞必须选择干旱、地下水位较深的地方，并且要做好窑顶防水和排水措施。当地农民沿袭传统习惯，将窑顶碾平压光，以利排水，并作打谷和晒谷用。下沉式窑洞存在每户宅基占地多的问题，一般9米×9米的天井院加四面窑洞进深7米，需占地530～667平方米。这也是下沉式窑洞近年来消亡的重要原因之一。自20世纪80年代以来，建筑学界科研人员一直致力于窑洞防水的研究。探索研究出能够简便而有效地解决窑洞顶部防水的措施，使下沉式窑洞顶部能够种植农作物，则这种地下居住空间将发挥出节约耕地的巨大潜力。

下沉式窑洞还可以从入口类型细分为全下沉型、半下沉型和平地型三种。

半下沉型和平地型窑洞都是在塬面有一定坡度时产生的，实际上是利用了塬面的高差，改善了入口的陡坡，提高了天井院的地坪标高，更有利于排水，在靠崖式的沿沟窑洞中有许多这种实例。民间的能工巧匠总是因地制宜地巧妙利用地形，设计出各种下沉式窑洞的入口布置方式。从平面布置上分有直进型、曲尺型、回转型三种（表3-2）；从入口通道和天井院的位置关系分有院外

a. 鸟瞰

b. 平面示意图

c. 剖面示意图

图3-15　地下窑洞街（侯继尧）

下沉式窑洞庭院的各种入口形式　　　　　表3-2

分型	直入口		曲折型	回转型
入口形式				

型、跨院型和院内型三种；就入口通道剖面形式分又有敞开的沟道型和钻洞的穿洞型。

第三节 窑洞民居的选址

发展到现今的窑洞村落经历了长期的历史考验。从传统窑居村落形态的形成中，不难看出我们的祖先在村镇选址、总体布局思想上的朴素的生态环境观。也就是在选择与规划村镇聚落时，要结合山、水、塬、沟、峁等自然地貌，依山就势，因地制宜，并考虑当地的降水量、冬夏气温、湿度和日照等气候的差异。这些窑洞村落虽然是历史上自然形成的，代代相传，因袭传统，但其中蕴涵着许多现代人居环境学的理论原则，譬如：

依山近水。考察过许多农村，凡是形成较大的村落的，附近必有饮泉或溪水。如延安枣园村有两处饮用泉水，米脂县内的深沟古寨之所以会出现杨家沟和刘家峁地绅窑洞庄园，也是因为这些地方有甘泉。

精于选土，善于相地。选定沟谷、山崖稳定性好，冲沟下游断面呈"U"形，纵坡度小，地质构造长期稳定的地段，土层密实均匀，有足够的厚度。避开滑坡、塌陷、溶洞及断裂等不良地段和排水不畅，有洪灾威胁的地段。

重于靠田，便于耕种。我国历史上长期处于农耕社会，一个村落、一家农户总是要靠耕田才能发展。合适的耕作距离须考虑耕作技术与工具以及往返所需的时间。在陕北，窑洞村落建在山腰上而不设在近水的崖边，就是重于靠田的例子，另外，农田广阔致使许多村落松散。

良好方位。避风、向阳、日照都属于同选择良好方位有关的问题。我们考察的村镇、窑洞聚落都建在向阳的坡面，且每户窑洞朝向南、东南、西南方向的最多，正东、正西方向的也有，一般在高原高寒区不避西晒，但在其相反的阴坡是极少建窑洞的。

第四节 中国风水的起源与窑洞选址

黄土高原早期的窑洞居住者，在窑洞选址上所积累的经验，构成了中国风水文化的源头。风水原则中认为，理想家园吉祥地的模式在黄土高原沟壑地区比比皆是。关于风水起源于黄土高原窑洞选址的论点，新西兰奥克兰大学地理系的尹弘基教授在其论文"论中国古代风水的起源和发展"[2]一文中有着精辟的论述。以下引自该论文的相关段落：

风水这种居住形式成功地代表了对黄土高原环境的适应性，反映了古代中国人把他们的居住地点看作与当地环境有关的科学认识，现有证据都表明有关地形和方向的主要风水原则一定是从早期窑洞的建造者在黄土高原上的选择地点和建造窑洞的准则中发展起来的。

中国风水最早起源的假设

1976年以前除了几个学者用简单假设之外，很少有人打算考证风水的起源。

一些学者的风水起源假设，仅只是在文章或著作的前言当中有所表述。我于1976年在分析风水的主要原则的基础上提出了假设，今综述如下：

1. 中国风水是由居住在具有各种各样地形的山脉、丘陵地带的人们所发展起来的。这一假设是以山脉和丘陵在风水中的重要性为出发点的。

2. 中国风水是在具有多种多样气候条件的区域中发展起来的。在风水原则中它以天气特别是风向为出发点。中国风水代表人们早期对环境的自然反映。

3. 这一假设是建立在风水的主要原则都与最初的有利居住因素有关这一事实基础上的。例如吉祥地点本身应该干燥，但附近应该有水，应该面向有阳光的南方以免受寒风的侵袭。

4. 中国风水的最初形式都只与选择住宅有关，后来这一技艺受到中国关于崇祖和孝道思想的影响，从而开始选择墓地。在中国历史上，阴宅风水往往比阳宅风水更重要，但这并不能说明阴宅风水比阳宅风水出现更早。

5.现有证据对风水原则的分析都表明，既用于阳宅也用于阴宅的主要风水原则，事实上都是从阳宅风水发展起来的。例如：

(1) 吉祥地点本身应该干燥，但附近应有水。

(2) 阴宅应该避风，阳宅也一样。

(3) 对阳宅和阴宅来说，石头山和草木不生的山都被认为是不吉利的。

(4) 我认为阳宅风水先于阴宅风水的另一个原因是在阳宅和阴宅中吉祥地都称为"穴"。在古代它的意思是洞穴土屋，而它现在也表示穴。这一传统可能是宅第选择的继续。

风水的起源以及黄土高原早期的窑洞居住者

这些关于风水起源的最初假说后来通过中国风水有其起源之地这一想法所解释了。我认为黄土高原地区也就是绵延起伏的山丘和朝着黄河流去的河流附近，可能就是中国古代风水的发源地。黄土高原上的窑洞居住者发展了这种风水。我的想法又是建立在分析中国风水原则的基础上。中国风水的这些基本原则都指出了确定寒冷多风的黄土高原上窑洞理想位置的因素。

野外考察的印象

通过我在陕西省黄陵县对窑洞的实地考察，得以证实我早年的想法，即基本的风水原则与寻找理想的洞穴之地是一致的。从我所看到的中国中部和北部的房屋形式来看，我确信风水原则最适合于寻找理想的洞穴之地。事实上，其他形式的房屋不需要像窑洞那样注意有关观测地形和方向的最初原则。基本的风水原则就是对洞穴理想位置的主要描述，这一点看来是很明显的。例如风水中最主要的地形原则，吉祥地背山临水可能很恰当地指出了洞穴地点的理想位置。窑洞需要以崖壁为依靠用以挖洞。确实，黄土高原上一般的窑洞都可能坐落在山脚下，而前面通常都有开阔地。前面的平地是院子，用于备耕和饲养家畜。这种地形在风水中称作吉祥之地。

窑洞本身不应该有水，因为潮湿的地方不是舒适的栖身之处，水还会加速窑洞的毁坏。然而，人们在窑洞附近需要日常用水。如果窑洞朝南，就可以充分利用阳光。我在陕西省黄陵县实地调查发现，几乎所有的窑洞都朝南、东南或西南方。

建造窑洞理想的土壤是纯净的黄土，它结构紧密、质地优良，呈黄色，否则挖窑洞就不安全。例如含砾石的不纯净的黄土可能是今后窑洞不稳固的标志。含有少量杂质的黄土，其颜色可能意味着有一个缝隙，水曾从中渗出来。

对基本风水原则的分析以及对窑洞的实地考察都表明，风水起源于具有连绵起伏的山丘以及可利用水的地方，亦即黄土高原上。事实上，这些基本风水原则都主要叙述了寻找窑洞基址的理想条件。因此，我提出了风水的最初形式是寻找吉祥窑洞地点的一般准则。

此后，风水才逐步用于建造不同形式的房屋、庙宇、官府、城市及坟墓。阴宅风水的主要原则都来自阳宅风水并与之相同。当风水术从黄土高原扩散到其他区域，它的主要原则仍然保留下来。还运用到了华东平原和华南等具有不同气候和地形条件的地方。甚至在与黄土高原风水发源地环境完全不同的地方，其吉祥地的理想条件也只是做些微小的调整，像在华东平原上，风水先生自圆其说地把隆起一英寸的小包称为山，而把低下去一英寸的凹地称为水。为与最初风水原则更加符合，马蹄形的水系在某形情况下代替马蹄形的山脉作为屏障。在风水原则中，有时方位成为最主要的。我认为这些修改是后来发展起来的，以适应平原地区的需要。开始只作为选择住宅地技艺的风水，在选择宅址和墓地的过程中逐渐带有了宗教和迷信的色彩。

以上是尹弘基教授关于风水起源于黄土高原窑洞选址的论述。今天当我们走遍黄土高原，行进在沟壑梁峁中，调查研究窑洞民居时，更能深刻地感受到这里是风水的发源地，我们的祖先在挖掘窑洞建设家园时，同时也创造了中国风水文

向阳的四五孔靠山窑为主体建筑，配以猪羊圈舍，厕所，院墙及门楼，组成一个基本单元。也有许多住户连院墙也没有，窑前一块平坦的场地。这里的院落并没有关中平川地区四合院的封闭感，坦荡、开阔、层层展开的院落形态是冲沟村落的显著特点，如陕北众多的冲沟村落（图3-17）。

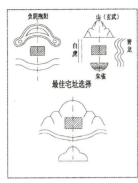 

a. 最佳村址选择　　　b. 最佳城址选择

图3-16　风水示意图

化（图3-16）。

第五节　窑居村落形态

千百年来黄土高原地区依据不同的地势，已形成形态各异的窑洞村落，可归纳为以下几种类型：

一、沿沟底溪岸发展的线形村落

这种村落沿着"V"形冲沟的河岸向纵伸展开。早期村民多将窑院建在洪水侵袭线以上，又尽量靠近溪水，以方便人畜饮用水。有村落的地段，往往有泉水，或在沟下打井取水，总之村落的形成必须考虑有方便的水源。近年来由于机械打深井，潜水泵的使用，使新建窑院向沟坡上部发展。冲沟村落一般建在不宜耕种、沟坡陡峭的阳面，住户比较分散，各家院落以

二、沟岔交汇处聚集的村落

在黄土高原丘陵沟壑区，沟壑纵横，一些较大的村落往往聚集在几条沟岔的交汇处。如陕北米脂县的刘家峁村，全村聚集在五条相交的冲沟内，高低错落地分布在向阳的沟坡上。在较陡的沟坡上，院落一般沿等高线横向展开，院门设在东侧。也有个别大户人家在黄土坡上开拓较大平地，修建窑洞四合院，如刘家峁村的姜耀祖宅院（图3-18）。

三、黄土高坡村落

在黄土高原的丘陵沟壑区，较大的沟坡上常常聚集一些较大规模的村庄，这些村庄选址在向阳的坡面上，沿等高线层层发展。此类村庄有的处在凹形的弧坡上，呈怀抱南向之势，窑洞院落都向心地布置在崖壁上，如山西汾西县的僧念村；也有的处在凸形弧坡上，窑洞院落呈放射状布置，窑洞朝向东南、南或西南方向（图3-19）。

图3-17　沿沟底溪岸发展的线形村落（左）

图3-18　沟岔交汇处聚集的村落（右）

a. 沿等高线层层发展聚落

b. 圈弧发射型聚落

图 3-19　黄土高坡村落

图 3-20　拱窑四合院村落

四、下沉式窑居村落

在高原沟壑区地貌种类多样，有沟壑也有大面积的平坦塬面。村落类型多样，除了上述丘陵沟壑区的村落外，最具特点的是潜掩于地下的窑洞村，在渭北高原，豫西及晋南一带多见。这种以下沉式四合院组成的村落，不受地形限制，只须保持户与户之间相隔一定的距离，成排，成行或呈散点布局。这种村落在地面看不到房舍，走进村庄，方看到家家户户掩于地下，构成了黄土高原最为独特的地下村庄，如淳化县十里原乡的梁家庄、三原县柏社村（图 3-2b）。

在渭北高原许多地区的村落，往往是下沉式窑居院落与瓦房院并存，如乾县吴店村、韩家堡村等。20 世纪 80 年代以前，窑居院落占全村居民的多数，土木结构的瓦房占少数，近年来随着生活水平的提高，许多住户弃窑建房，使下沉式窑洞走向衰落。究其原因是渭北地区冬季气温不算太冷，而下沉式窑院占地面积大，通风不畅，且当代人认为窑洞意味着贫穷与落后。在渭北高原的淳化县许多村子将下沉式院落填平，改建砖瓦房。下沉式院落能否持续发展，需要人们深入研究与实践。

五、拱窑四合院村落

在陕北榆林地区与山西晋中地区，当地居民喜欢用石头或砖砌筑拱窑，拱窑与土木结构房屋结合组成四合院、三合院，若干院落构成村落。这类村落具有黄土高原窑居村落的特点，又兼有北方平原地区村镇的特征，山西汾西县的师家沟村、灵石县静升村聚落，是这类村落的代表（图 3-20）。

第六节　窑洞空间与形态特征

古老的窑洞民居是在黄土层内挖出的居住空间。这种建筑形式最符合中国古代"天人合一"的哲学思想，是人与大自然和睦相处的范例。窑洞民居隐藏于黄土层中，没有明显的建筑外观体

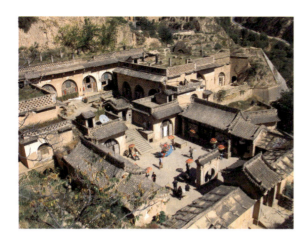

图 3-21 刘家峁村姜耀祖宅院（左）
图 3-22 杨家沟村扶风古寨（右）

量，窑居村落更是顺着沟坡层层展开，或是星罗棋布地潜隐在黄土原下，他们都最大限度地与大地融合在一起，保持着原生态的环境风貌。

一、窑洞院落布局

窑洞民居分布在西北黄土高原地区，由于地域差异，在不同的区域又呈现出不同的特点。在山西省的吕梁、晋中南地区，陕西关中、渭北部分地区，以血缘关系为纽带的聚落，其宗族体制和宗法礼制观念比较浓。这些聚落农业经济相对活跃，受中原传统文化影响较大，风水理念决定着院落空间布局。靠山窑洞与土木结构的房屋共同构成窑洞建筑四合院，空间序列井然。如陕西米脂县刘家峁村姜耀祖宅院、陕西米脂县的杨家沟村扶风古寨（图3-21、图3-22）。

在黄土高原陕北的沟壑地区，历史上是游牧民族与农耕民族冲撞与交融之地，至今在民风习俗上保留着游牧文化的特征。再加上特殊的地理环境以及薄弱的经济条件制约，受中原文化影响并不深。人们仅仅为了生存需求和生存环境搏斗，大多窑洞村落民居住户分散，院落开阔而坦荡，少有中原四合院的封闭沉闷。各家院落，以向阳的四五孔靠山窑为主体建筑，组成一个基本单元，许多住户连院墙都没有，窑前一块平坦的场地，即是院子，也是收获时打碾、晒粮食的场地。院落坦荡、开阔、顺等高线层层展开，构成陕北大地壮丽的聚落景观（图3-23）。在陕北也有个别受山西窑居文化影响的经典窑洞庄园，如米脂县

a. 陕北窑院

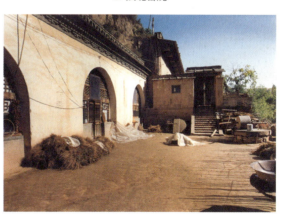

b. 陕北窑院

c. 陕北村落景观

图 3-23 黄土高原村落景观

独特的景观。如山西师家沟村的"瑞气凝"院（图3-24）。

二、窑洞立面

（一）窑脸

潜藏于黄土地下的窑洞与大地融合在一起，只有向阳的一个立面展示其个性风采。窑洞正立面俗称"窑脸"，以窑洞拱券曲线与门窗为构图重点。

各地窑洞拱券曲线是当地土质受力特征的反映，处在老黄土下部（离石黄土下层）地带，土质坚硬，窑洞顶部拱券就可平缓。土质力学性能较差的地带，窑洞拱券尖耸。这是当地人们千百年来，从窑洞顶部塌落土块后所形成的自然形状中总结出的经验，后经各地工匠世代的精心营造，形成了今天各地风格不同的窑洞拱形曲线。各地窑洞拱形曲线各不相同，概括起来有三心圆拱、尖拱、半圆拱、双心圆拱、椭圆形拱、抛物线拱等。这唯一的窑洞立面形象元素，又真实地反映出拱形结构的受力逻辑以及门窗的装饰艺术（图3-25）。

值得一提的是，在下沉式窑洞院落，四角窑洞的窑脸，并不全敞向院落，而只露"半边脸"，这种处理方法大大地节省了院落开挖的土方量（图3-26）。但同时，这样的做法必然损失窑脸的受光面积，为了解决这一问题，当地人将窑脸向窑身回缩尺寸增大，将窑脸处理成"L"形（图3-27）。

各地窑居者，不管经济条件差别多大，都力求将"窑脸"精心装饰一番。从最简朴的草泥抹面，到砖石砌筑窑脸，再发展到木构架的檐廊木雕装饰。历代工匠也都将心血倾注在窑洞这唯一的立面上。陇东和渭北窑洞民居中，只对拱头线稍加修饰；山西晋中一带的砖拱窑，则将砖雕、木雕融入窑洞。这些装饰和雕琢使草泥抹面的窑洞从贫寒人家进入豪门宅第。

a. 入口透视

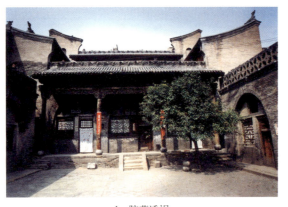

b. 院落透视

图3-24　师家沟村"瑞气凝"院落

姜氏庄园、常氏庄园。

处在不同地形的窑居类型，院落也呈现出不同的特点，黄土高坡上靠崖窑洞由于坡地特点，院落纵深很短，只能沿等高线左右拓展。院落空间轴线多次转折，前后院落标高递增，以立体交通连接院落空间。规模较大的院落，往往是靠山窑处在中轴线上，左右两侧以砖石锢窑构成厢房，倒座门楼采用土木结构，形成黄土高坡窑居院落

a. 山西大寨半圆拱形窑脸　　b. 陕北半圆拱形窑脸　　c. 豫西尖拱形窑脸　　d. 三门峡三心拱窑脸

   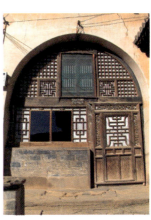

e. 彭阳抛物线形窑脸　　f. 三门峡尖拱形窑脸　　g. 陕县套拱窑脸　　h. 陕北半圆拱形窑脸

图 3-25　不同地区各式窑脸

（二）女儿墙

窑洞的女儿墙是防止窑顶人畜跌落的围护构件，民间的构造做法多用土坯或砖砌花墙，也有用碎石嵌砌的。除满足功能外很注重美化与装饰，用砖则必砌成各式花墙，用碎石、礓石则与青砖嵌镶成各种图案，装饰窑面，于简朴中蕴含灵秀之美（图3-28）。

（三）护崖檐

护崖檐是为了防止雨水冲刷窑面而在女儿墙下做的瓦檐，做法有一叠和数叠，在窑顶预埋木挑梁或石材挑梁，上卧小青瓦而成。在陇东和渭北地区，一般不做护崖檐，多是种植一些盘根的植物，如枣树、迎春、刺梅等，不仅起到防护作用，同时也能保护崖面不被雨水冲刷。在陕北一些大宅院中常用条石托木挑檐，

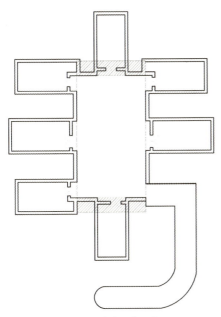

图 3-26　阴影处为减少开挖面积

图3-27 三门峡半边脸窑洞

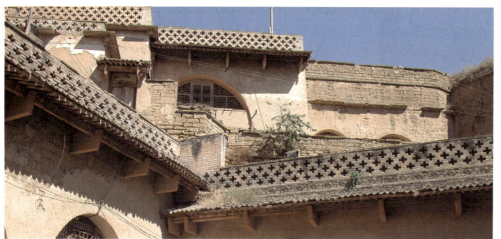

图3-28 女儿墙

图3-29 杨家沟马家庄园护崖檐

其做工更是考究。杨家沟马家庄园的窑洞挑檐在石挑梁上浮雕龙形图案，是窑洞民居装饰中的珍品（图3-29）。

（四）檐廊

窑洞居民中，在砖石拱窑前做檐廊的属高档次的窑洞建筑。檐廊的出现，可以说是护檐功能的扩大。檐廊同时构成庭院与窑洞的过渡性空间，在立面上增加了一些空间层次，从而产生丰富的光影变化。檐廊也承载了更多的装饰元素。这类带檐廊的窑洞有砖砌檐廊，如河南张伯英府邸；有山西晋中一带砖拱窑前加木构架檐廊，如灵石王家大院、平遥民居以及陕北杨家沟古村落等。这类有檐廊的窑洞民居多数为富裕人家，在檐廊上极尽装饰，有木雕雀替、挂落、再加上匾额、楹联，构成黄土高原上窑洞的豪华外表（图3-30）。

（五）门楼与门窗

窑洞院落的宅门、门楼一直是传统民居中重点装饰的部位。在窑洞民居中，随地区、窑洞等级的不同，门楼形式也各不相同。在传统民居建筑中，"宅门"可表现房主的社会地位、财富和权势等。中国风水理论中，强调门的安置关系到主人的吉凶祸福，因此在确定宅门的定位和尺寸时煞费苦心。按风水观念讲，"宅门"是煞气的必由之路，所以要用镇符镇住煞气，镇符在民间流传最广且最具有感情色彩的形式是贴门神。由贴门神的风俗演化为后来的年画、楹联以及吉祥物、意在图个吉利。

最简朴的宅门是就地挖洞（下沉式窑洞院落），其次是土坯门柱搭草皮顶；进一步是青瓦顶；

a. 灵石王家大院木构架檐廊

b. 河南张伯英府邸砖砌檐廊

图3-30 檐廊

讲究点的是砖砌门拱，上卧青瓦顶；富有人家则是磨砖对缝、砖墙门楼，顶部是硬山五脊六兽顶，砖雕、木雕装饰精致，做工考究。如陕北姜耀祖宅院门、山西灵石县王家大院宅门等（图3-31、图3-32）。

窑洞的门窗处在窑洞拱形曲线内，形成窑洞里面的构图中心。在陕北，山西晋中地区，窑洞满开大窗，充分接纳阳光，门窗外形依"拱"的形状和大小而变化。门窗通常做成木棂花格，早期因使用窗纸，窗格密而空隙小，到了清朝末年，在山西一些富商宅内，窑洞窗已用上了雕花玻璃，从而使木棂花格摆脱糊纸的约束，完成了装饰构件。如灵石县王家大院的窗格已发展成为花鸟装饰木雕。黄土高原流行的剪纸窗花，即在窗格纸上贴大红剪纸，使门窗更富有乡土情趣。

陕西渭北高原、甘肃庆阳环县等地，窑洞的门窗与拱形分离，沿袭门窗分立、上部开气窗的传统做法，窑洞内光线远不如陕北窑洞明亮（图3-33）。

图3-31 窑洞院落宅门

a. 黄土窑洞宅门

b. 黄土窑洞门

c. 西峰窑洞门楼

d. 西峰窑洞门楼

e. 姜耀祖窑洞门楼

f. 杨家沟窑洞门楼

068　西　北　民　居

图 3-32
下沉式窑洞宅院入口

a. 独立式门窗

b. 整体式门窗

c. 独立式门窗

d. 整体式门窗

图3-33 窑洞门窗

第七节 窑洞民居的构造与营造技术

一、结构特征

用木材建造房屋，在中国已延续了五千年。而在黄土高原地区造房更多的是在土崖中"挖"出房屋，或用砖、石、土坯为材料的拱券结构"箍窑"。前一种是利用天然黄土作为结构体，以减法方式营造房屋，后一种则是在没有天然崖面条件下，利用拱券技术建造房屋，在砖、石、土坯材料砌筑的拱券上覆盖厚厚的土层以达到冬暖夏凉的舒适效果。这种拱券结构更符合材料的受力逻辑，也更经济。西北独立式窑洞民居使用了多种拱券类型，有筒拱、十字拱、丁字拱、扶壁拱。窑洞民居之所以舍弃梁板结构而采用拱券结构，是因为梁是受弯为主的结构，同样外力作用下，梁中心弯矩大，变形大，容易受拉破坏。而拱券在荷载作用下的应力是以压力为主，可以用脆性材料如砖石做拱，可以跨越比梁大很多的空间（图3-34）。

图3-34 窑洞扶壁拱

a. 扶壁拱

b. 扶壁拱

图 3-35 拐窑

洞内壁土体的稳定性，洞室拱体多采用直墙半圆拱和直墙割圆拱，当遇到坚硬厚层的钙质结核层土质时，也有用平头拱的。黄土窑洞的尺寸及覆土厚度的确定取决于洞体结构的安全需要。窑洞的跨度大多为 3～4 米，不宜大于 4 米。其高度一般为跨度的 0.71～1.15 倍，窑顶的覆土厚度以 3-5 米为宜。每户人家通常是几孔窑洞毗连设置，为了保持土体的承载能力和稳定性，民间经验是两孔窑洞间的间壁宽度一般等于洞室的跨度，在土质干硬的情况下也可略小。

靠崖式黄土窑洞都倚山靠崖，将自然的黄土崖垂直削齐，在崖壁上开挖窑洞，为了保持窑体的稳定性和受力合理，窑洞的顶部皆为半圆或尖圆的拱形。为了增加辅助面积，有的在土壁上挖出各种形状、尺寸的壁龛，或挖出一个小窑洞，俗称"拐窑"，供贮存物品之用。窑洞内壁多用麦糠泥粉光（图 3-35）。

窑洞正面安设门窗，窗户有两种，渭北及豫西一带是小方窗，窑内光线较暗，陕北一带是半圆窗，与窑洞拱形吻合，阳光直射，采光较好，在陕北，冬季阳光可照到窑内 8 米。黄土窑洞造价低廉，但没有砖石窑洞坚固，20 世纪 80 年代前，黄土高原农村大部分人住这种土窑洞。现在随着

二、营造技术

窑洞的立面造型主要由窑券决定。砖、石窑的拱券有单心圆弧、双心圆弧、三心圆弧，以三心圆弧最多见。三心圆拱用同半径不同圆心的两个圆弧相交，再内切小圆而成。圆心距俗称"交口"，"交口"长，则拱券提高，"交口"短，则拱券降低，拱顶平缓。单孔窑洞的一般参数见表 3-3。

（一）靠山式窑洞的做法

黄土塬区的土质有较好的直立稳定性及较高的抗剪强度，如在黄土沟壑区 10～20 米高的陡坡可长期稳定，这就有利于开挖窑洞并可保证崖壁的稳定和安全。因此黄土窑洞一般不需做衬砌支护，而集承重与围护作用于一体。为了保证窑

窑洞建造参数　　　表 3-3

地区名称		单体窑洞				窑洞组合			说明
		窑洞宽度 B (m)	窑洞深度 L (m)	窑洞高度 H_1 (m)	高宽比 (H_1/B)	覆土厚度 H_3 (m)	窑腿宽度 S (m)	窑腿系数 K	
陇东窑洞	陇西地区	2.7～3.4			0.94～1.1	5～16			(1) 陇西地区与宝鸡地区纳入陇东窑洞的范畴，太原地区纳入晋南窑洞的范畴
	陇东地区	3～4	5～9	3～4	1.0～1.3	3～6	3	0.9	
	宝鸡地区				0.8～1.21	5		0.8～1.19	
陕西窑洞	延安地区	3～4	7.9～9.9	3～4.2	1.0～1.3	3	2.5～3	0.65～0.91	(2) 本表引用了《中国的黄土地层与窑洞结构》一文中的有关资料
	米脂地区				0.71～1.15	5～8			
晋南窑洞	太原地区	2.5～3.5	7～8	3～4		5～7	2.5～3	0.8～1.0	
	晋南地区	3～4	8～10	3.2～3.6	0.9～1.3	3～6	2.5～3		(3) 窑腿系数公式： $$K = \frac{b_1 + b_2}{B_1 + B_2}$$
豫西窑洞	洛阳地区	2.8～3.5	4～8	3.4～4	0.9～1.3	3	2～2.8	0.7～1.3	
	巩义地区	2.5～3.5	6～12	2.5～3.6	1.0～1.1	5	1.5～3.3	0.7～1.0	
	郑州地区	2.8～3	6～10	2.8～3.5		3	3	0.6～1.25	

经济条件的改善，使用纯粹挖掘出的黄土窑洞已越来越少了，许多人家在挖出的窑内沿内拱壁用砖砌衬层，以提高窑洞的坚固及室内美观。

窑脸（崖壁）的做法有三种：一种是将窑脸后倾，洞顶上部覆土做成台阶，上铺小青瓦。另一种做法也是将窑脸后倾，在窑口上部做滴水。覆土上部种植浅根植物保护窑脸。第三种做法是用砖石砌筑窑脸，上做小青瓦瓦檐。

黄土窑洞覆土层上部表面需做排水沟，使雨水顺排水沟向两侧排出，或者将窑洞上部的覆土层向后倾斜，形成前高后低，使雨水流向后边的排水沟。

黄土窑洞民居用火炕采暖防潮，大多数农家将锅灶砌在居窑内，与火炕连通，在炕内盘烟道，利用做饭的余热取暖。因此，火炕的布置影响到烟囱和锅灶的位置，最常见的布置形式有两种：一是临近窗口布置火炕，靠近窑脸砌附垛式烟道伸出窑顶。炕上温暖明亮，冬天人们坐在炕上做家务活、吃饭、接待客人等。另一种是靠窑洞后壁布置火炕，垂直烟道靠近后壁伸出窑顶。这种布置形式的优点是火炕较隐蔽，并可充分利用窑室前部空间和窗口位置布置家具。缺点是烟道在后侧冲出窑洞顶部的山体，施工难度大（图3-36）。

（二）独立式窑洞的做法

独立式窑洞是人们为了节省木材，在平地上用土坯或砖石砌筑的窑洞。早先用原状土夯筑窑腿，现在大多用砖石砌筑窑腿，再用拱形木板作支架，逐段用砖石砌筑拱券，拱顶上覆盖黄土厚达1米以上。这种窑洞可在前后两头开窗，通风和采光都比靠崖式窑洞好。将顶部做平，上面还可加盖一层木构架的房屋。独立式窑洞又分为砖石、土坯、窑上房等几种。

1. 砖石窑洞做法

拱体拱脚都用砖石砌筑，用1米宽的拱形木模作为支架模板，在模板上砌砖石，砌好一段再向前移动模板继续接砌，直到砌完为止。拱顶上部覆盖黄土约1~1.5米厚，做排水坡

a. 临窗火炕

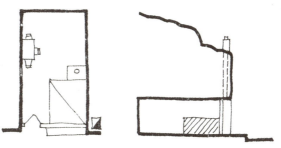

b. 临窗布置火炕示意图

c. 窑洞后壁火炕图

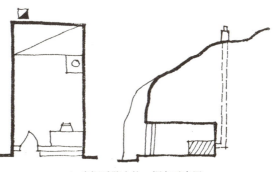

d. 窑洞后壁火炕、烟囱示意图

图3-36　窑洞临窗、后壁火炕

a. 石窑砌筑

b. 窑脸砌筑

c. 砖窑砌筑

图 3-37　砖石窑洞做法

向后部。当窑洞毗连设置时，为保证窑洞的整体稳定及承受拱顶的水平推力，边跨拱脚的宽度需加大，一般宽为拱跨的 1/2。两孔窑洞之间的间壁（窑腿）宽度至少为一砖半宽。石拱窑建造时，先以加工过的料石砌筑窑腿，在窑腿上以未加工的粗石片砌拱，因天然片石的不规则，须有拱形模具的支撑。用砖砌筑时，许多地方工匠可以不用模具，仅用一根半径尺竿即可砌筑成很标准的半圆拱。圆拱砌筑完成后，再用精细加工的标准料石砌筑正立面，即"窑脸"，或用砖砌筑窑脸（图 3-37）。

2. 土坯窑洞做法

有两种做法，一种是拱顶拱脚全部用土坯砌筑。拱顶上部用麦草泥抹光，为保护土坯拱顶不受雨水侵蚀，在上部加土铺瓦成两坡顶（图 3-38）。其拱脚宽度约为 60～80 厘米。另一种做法是拱顶用土坯砌筑，拱脚用原状土层层夯实，其宽度应与拱跨相等。

（三）下沉式窑洞的做法

下沉式窑洞又称"地坑窑洞"，是在土层深厚的平坦冈地上，向下凿挖方形或长方形平面的深坑，院坑也不是一次挖成的，先沿边开挖 3 米宽的深槽，直到 6 米深的预定地面。然后修整外侧要做窑脸的土壁，要把土壁晾干后才能挖窑。在这段时间里，把院坑中剩下该挖的土挖完，形成院坑，造成人工崖面，再沿坑壁向三面开凿窑洞，另一面筑成斜坡或阶道通至地面，地坑深度至少 5 米以上。地坑院平面尺寸如 9 米×9 米，可挖八孔窑洞，9 米×6 米可挖六孔窑洞。坑院各面窑洞有主次之分，北面的为主窑，两侧为次，一如地面上的四合院。

挖下沉式窑洞必须选择干旱、地下水位较深的地方，并且要做好窑顶防水和排水措施。院内靠挖地沟或渗井排水。地窑院里一般掘有深窑，用石灰泥抹壁，用来积蓄雨水，沉淀后可供人畜饮用。为了排水，在院的一角挖个大土坑，俗称

a. 两坡顶土坯窑洞断面

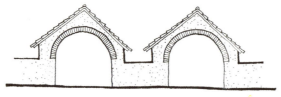
b. 两坡顶土坯窑洞示意图

图 3-38　土坯窑洞做法

a. 窗花　　　　　　　　　　　　b. 炕围花

图 3-39　窑洞室内装饰

"旱井"或"渗井",使院中雨水流入井中,再慢慢渗入地下。多数农家则在门洞下设有排水道,以免速降暴雨时雨水灌入窑洞。供人居住的窑洞顶面多为打谷场,窑洞凿洞直通上面,作为烟囱。不少人家院内作粮仓的窑洞,也凿洞直通地面的打谷场,碾打晒干的粮食,可从打谷场通过小洞直接灌入窑内仓中,平时则在洞口加盖石块封住。

三、窑洞装修

开挖窑洞十分讲究,从始挖到建成,大致要经选地、挖界沟、整窑脸、画窑券、挖窑、修窑、上窑间子、装修等过程。挖掘与晾干这种工序往往要重复两三次,直到窑洞尺寸接近预定规模。窑洞建成后需要经常维修。黄土窑最怕水患和潮湿,维修的主要目的是防水。

窑洞挖好后先装修窑脸,洞内装修一般很简单。陕西、甘肃一带多在窑内抹一层掺了石灰的麦糠泥,或刷一层白灰,再糊上一层纸,有些只在炕的四周贴上一圈纸,叫"炕围",再贴上各种颜色的剪纸,叫"炕围花"(图3-39)。长武一带有在窑洞顶部做木龙骨的,每条龙骨间隔约10厘米,显得简洁而考究。窑内采用的木构架颜色通常为素木或黑色,与窑内采用的隔扇及门窗相呼应(图3-40)。室内的布局分前后室,有时一家多窑,窑与窑间有通道连接(图3-41)。窑洞装饰上以门窗、炕墙为重点,简洁质朴。窑洞

a. 窑洞顶部做龙骨吊顶

b. 窑洞顶部做木龙骨吊顶

图 3-40　窑洞室内装饰

a. 木隔断前后分室　　　b. 窑体前后分室

图 3-41　窑内前后分室

a. 陕北社火　　　　　　　　　　b. 陕北安塞腰鼓（张小郁　摄）

图 3-42　民俗文化生活

的多数部位都有特定的名称：窑口的前脸称窑脸，窑口的门、窗及窗下土坯墙统称为窑间子，起封护窑洞的作用；窑洞深处称窑底，窑洞之上的黄土崖体称窑背，窑背厚度不小于 3 米。

第八节　窑居村落的民俗文化

黄土高原历经几千年的沧桑，水土流失塑造了千沟万壑，人类在这块土地上耕种繁衍，悲欢离合，生生世世，从分布于黄土高原上的历史遗迹可以看出，它是华夏文明的发祥之地：黄帝陵，秦始皇陵，兵马俑，汉茂陵，唐乾陵……中国一些最强盛的封建王朝领袖都埋葬在这块黄土地上。他们人已作古，但那恢宏犷豪之气仍笼罩着黄土大地。高原沟壑雄奇而苍凉，这里是游牧文化与农耕文化交汇处，在与大自然的残酷搏斗中造就出了豪放粗犷的人群，也诞生了极富特色的黄土文化。秦腔、信天游这些黄土高原的声音，以其豪放而嘹亮的气势倾倒世人。

在黄土高原极度贫乏的物质条件下，人们非常渴望宣泄内心的压抑和苦闷，得到精神的愉悦和抚慰，因此，苍凉的沟壑间便诞生了无数天然本色的歌声。陕北民歌以其永恒的艺术魅力震撼着一代代人的心灵。许多陕北民歌都与高坡深沟密不可分，也正是在这黄土高原的冲沟村落、土窑洞里，孕育出这直率而坦白、深厚而悠长的信天游。

陕北黄土高原的冲沟窑居村落中住户分散，历史上受游牧民族的影响，院落开阔而坦荡，这里少有北方四合院的封闭与沉闷，宗法礼制观念较少束缚着贫瘠而荒凉的沟壑。在黄土高原广袤的土地上，民间歌舞要数陕北的闹秧歌最有特色了，从每年正月初二初三开始，几乎要闹腾整个正月。这种集体娱乐的形式堪称华夏民族狂欢节，场面壮观，气势宏大，其扭动的身姿与变化多端的队列组合在民间歌舞中独领风骚。黄土高原广大地区的民间社火是集歌舞、锣鼓、表演于一体的群体娱乐艺术。辞旧迎新之际，辛勤劳作一年的人们以各自的表达形式抒发欢庆丰收的喜悦，表达祈求平安吉祥的美好愿望。在社火队伍中尤以锣鼓形式最能表达黄土高原的阳刚气势和黄土神韵。例如：威风凛凛的山西威风锣鼓，豪放热情的陕北安塞腰鼓、刚健壮观的兰州太平鼓、都以其阵势宏大，鼓声沉重悠远、表演粗犷潇洒强悍而威震四方。锣鼓声中，龙腾虎跃的步伐与美表现得酣畅淋漓，让人惊心动魄（图 3-42）。

在黄土高原的民俗文化中，剪纸艺术是家家户户喜欢且最为普及的民间艺术。陕北的安塞剪纸、洛川剪纸、山西的汾西剪纸都名扬海内外。剪纸，也称窗花，历史悠久，代代相传。春节是妇女显示技艺的最佳时节，窑洞的窗户上、住室内简直就成了剪纸展览室、剪纸内容多为吉祥如意、六畜兴旺、五谷丰登、辟邪镇恶之类。嫁娶装饰洞房时，"喜字花"剪纸总是不能少的，大红的剪纸为荒凉贫瘠的土窑洞增添了盎然春意。

黄土高原的先民们，在窑洞选址的经验中创

造了中国的风水文化。这种传统的风水观念又影响着后来人的村落选址与布局。按风水观念，吉地大体上应具备这样一些外部特征：①以山为依托，背山面水。所谓背山，就是风水中所说的"龙脉"，它在基地中占有重要的地位，是"气"之生成之源。②在龙脉之前有一块平旷的地坪，称为"明堂"，这就是村落拟建的基地。③明堂之后常有一座较高的山，称"祖山"，从这里分出支脉，向左右两侧延伸，呈环抱的形势，从而把明堂包围在中央，形成一个以明堂为中心的内向的自然空间。从风水的观点看，这种因山势围合的空间可以起到藏风纳气的作用。④明堂之前应有河流或水面，这样便可使气行而有止。⑤明堂正对着的远方亦需有山作屏障，称为"朝山"。⑥由外部进入明堂——村落所在地的路径，称"水口"，作为沟通内外交通要道的水口，其左右应有山峦夹峙，称"龟山"和"蛇山"，具有守卫象征的意义。

风水观念中认为理想的山势，在平原地区并不是每个村落都容易找到的，而在黄土高原的丘陵沟壑区则很容易找到符合理想的"风水宝地"。

在黄土高原的风土民俗中，修建窑洞是一件关乎家族兴衰、子孙繁衍的大事，因此动工之时有许多讲究，甚为郑重。先要相宅，择吉地。凡宅后有山梁大塬者，谓"靠山厚"，俗语称"背靠金山面朝南，祖祖辈辈出大官"；宅后临沟无依托者，谓之"背山空"，多忌之。破土动工，要祭土地神，此俗源于远古人类对土地的崇拜。建窑最为隆重热闹的仪式为合龙口。窑洞建成之时，工匠在中间一孔窑洞的顶上留下仅容一砖或一石的空隙，用系了红布、五色线的砖或石砌齐，然后燃放爆竹，摆宴待客，共祝主人平安吉祥。迁入新居时，亲朋好友还备礼祝贺，喝喜酒，为其"暖窑"。

黄土高原地域广阔，民俗文化丰富多彩，构成中华民族优秀的非物质文化遗产。随着社会的进步，如今有些习俗已经消失，有些还在民间流

a. 窑洞窑花剪红　　　b. 窑洞窑花剪红

c. 窑洞人家　　　d. 对联、门神（张小郁　摄）

传着。例如，陕北及山西各地的娶亲习俗与丧事习俗，随着社会的发展已淡化；而像陕北民歌、社火、剪纸这些民间文化又在新的社会条件下得到发展，使其从民间习俗中脱颖而出成为新时代的艺术，成为人类文化宝藏中的璀璨明珠（图3-43）。

图3-43　窑洞生活

第九节　经典窑洞民居

一、陕西省米脂县刘家峁村姜耀祖宅院

姜耀祖宅院是黄土高原特有的窑洞院落与北方四合院相结合的民居形式。它生长于黄土沟坡，又融归于大地，是中华民族传统智慧的结晶。宅院位于米脂县城东16公里刘家峁村的牛家梁黄土梁上，由该村首富姜耀祖兴建于清同治十三年（图3-44）。

a. 姜耀祖宅全景图

b. 姜耀祖宅鸟瞰

图3-44 姜耀祖宅院

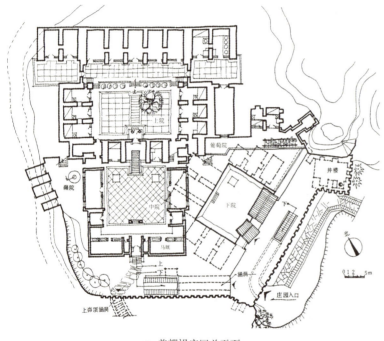

a. 姜耀祖庄园总平面

b. 姜耀祖庄园入口剖面

图3-45 姜耀祖庄园

整个宅院由山脚至山顶分三部分（图3-45、图3-46）。

第一层是下院，院前以块石垒砌起高达9.5米的挡土墙，上部筑女儿墙，外观犹若城垣（图3-47）。道路从沟底部盘旋而上，路面宽4米，中以石片竖插，作为车马通道，又兼排洪泄雨。道路两侧分置1米宽的青石台阶直至寨门，门额嵌有"天岳屏藩"的石刻。穿寨门过涵洞可到下院（图3-48、图3-49）。

下院当初是作为管家院使用的，其主建筑为三孔石拱窑，坐西北向东南，两厢各有三孔石窑，倒座是木屋架、石板铺顶的马厩（图3-50）。大门青瓦硬山顶，门额题"大夫第"，门道两侧置抱鼓石（图3-51）。正面窑洞北侧设通往上院的隧道。

在下院东侧，寨墙的北端有"井楼"（实际上是一座石拱窑）。"井楼"内有一口从沟底向上砌的深井，安置手摇辘轳，不出寨门即可保证用水。寨墙上砌炮台，形若马面，用来扼守寨院，居高临下，从井楼的小窗口可直接射击攻打寨门者。这座黄土山坡上的宅院设计及防卫功能的匠心独运令人惊叹（图3-52）。

沿第一层院侧边涵洞，穿洞门达二层，即中院（图3-53、图3-54）。正对中院门耸立着高8米、长约10米的寨墙（实际上是挡土墙），将庄院围绕，并留有通后山的门洞，上有"保障"二字的石刻。

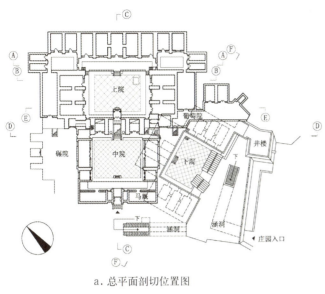
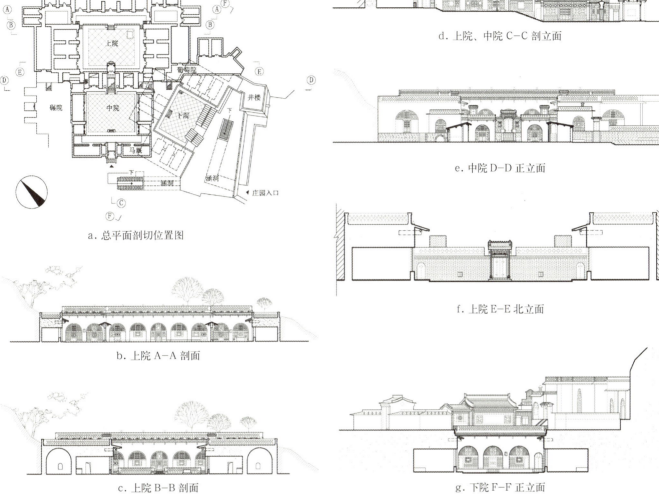

图 3-46 姜耀祖庄园

图 3-47 庄园墙垣

a. 入口门额

图3-49 入口涵洞

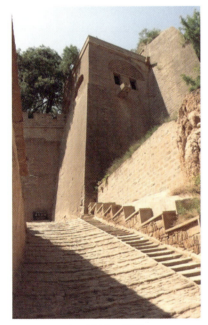

b. 庄园入口道路

a. 下院院落

c. 庄园入口道路

图3-48 庄园入口

b. 下俯视

图3-50 下院院落

a. 下院大门　　　　b. 下院大门抱鼓石　　　　a. 井楼外观　　　　b. 井楼漏窗

c. 下院大门门楣　　　　　　　　　　c. 井楼深井

图 3-51　下院大门　　　　　　　　图 3-52　井楼

图 3-53　下院入口与中院涵道　　　图 3-54　下院到中院涵道

中院坐东北向西南，正中是头门，为五脊六兽硬山顶（图 3-55）。头门内设青砖月洞影壁，水磨砖雕，精细典雅（图 3-56）。

中院东西两侧各有三间大厢房，附小耳房。厢房两架梁，硬山顶，木格扇门窗。耳房一架梁，卷棚顶，铺筒瓦（图 3-57）。值得一提的是东厢房比西厢房高 20 厘米，这一差别是遵中国古代宗法制度中的"昭穆之制"而产生的。古代以左为尊位，在方位上以东为上，在建房时表现在东厢房高度略高于西厢房。从感觉上来说，微小的尺度变化并没有破坏建筑的对称，但从内涵上来说，它满足了人们心理上的某种追求。

中院与上院以中轴线上的垂花门分隔，沿石级踏步而上，穿过垂花门可到达第三层院（图 3-58）。

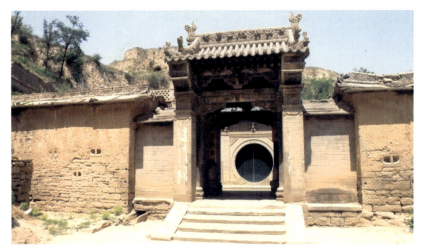

a. 中院大门　　　　　　　　　　　　b. 中院大门南立面

图 3-55　中院大门

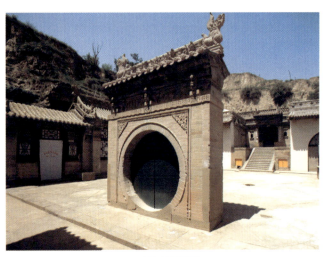 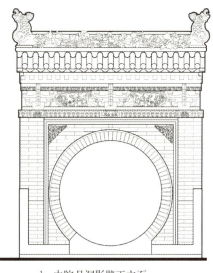 

a. 中院月洞影壁　　　　　　b. 中院月洞影壁正立面　　　　c. 中院月洞影壁侧立面

图 3-56　中院月洞影壁

a. 中院院落俯视　　　　　　　　　　b. 中院院落俯视

图 3-57　中院院落

图 3-58　上院入口垂花门

图 3-59　上院五孔上窑

图 3-60　上窑侧院

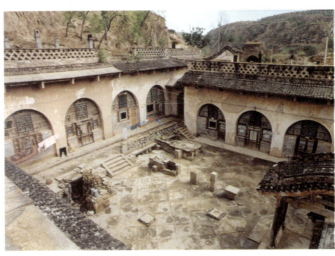

图 3-61　上院院落空间布局

第三层院即上院，是整个建筑群的主宅，坐东北向西南，正面五孔石窑，称上窑，院子两侧各三孔厢窑（图3-59）。在五孔上窑的两侧分置对称的双院，院内面向西南各有两孔窑，俗称暗四间（图3-60）。上院布局即当地人称的"五明四暗六厢窑"，这在陕北属最高级的宅院（图3-61）。

上院垂花门是整座宅院的精品，砖木结构，柱梁门框举架，双瓣驼峰托枋，小爪状雀替、木构件皆彩绘，卷棚顶。门扇镶黄铜铺首、云钩、泡钉，门礅处置石雕抱鼓，垂花门两侧设神龛、护墙浮雕（图3-62）。

整个宅院后面设一道寨墙，其中有寨门可通后山。姜氏宅院设计精巧，施工精细，布局紧凑，上下与山势浑然一体，对外严于防患，院内互相通联，是陕北高原上的经典宅院（图3-63、图3-64）。

二、陕西省米脂县杨家沟扶风古寨

清道光年间，杨家沟村以马嘉乐为创始人的"马光裕堂"依靠地租、高利贷致富，同时又因在陕晋各地经商有道而聚敛了大批土地、财产，百余年内繁衍分支为51个大户。清同治六年（1867年），马嘉乐的孙辈马国士为防备"回乱"，

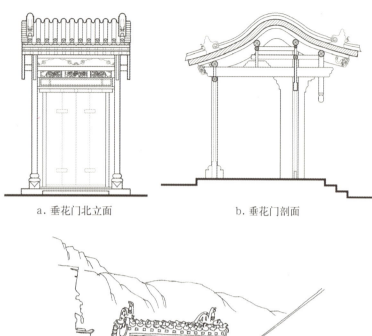

a. 垂花门北立面　　b. 垂花门剖面

d. 垂花门北立面

c. 垂花门南立面

图 3-62　上院垂花门

图 3-63　院落全景图

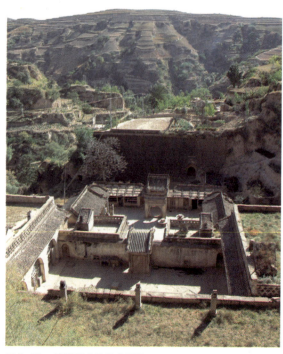

图 3-64　姜耀祖宅院整体环境

a. 杨家沟聚落总平面图

b. 杨家沟聚落环境

图3-65 杨家沟聚落

在杨家沟西山建扶风寨。后来就以扶风寨为中心，以"堂号"（户）为单位形成一组一组的庄院群落。这些院落依山就势，高低参差，款式多样。扶风古寨历经沧桑，如今虽已失去往昔的辉煌，但从建筑的总体布局上仍可以看出当时的宏伟规划（图3-65）。

古寨的建筑群包括寨门、城墙、沿丘陵不同标高而建的层层窑洞院落，还有泉井窑洞、宗祖祠堂、老院、新院等，构成一座宏伟的窑洞庄园。古寨聚落建在沟壑交叉的崩山环抱中，寨门设在沟下，过寨门，钻涵道，经过曲折陡峭的蹬道、泉井窑，再分南北两路步入各宅院，最后爬上一个陡坡才到达崩顶的祠堂。从祠堂向南俯视崖下。"老院"、"新院"尽收眼底（图3-66～图3-69）。

从总体的规划布局上可明显看出，古寨在选址、理水、削崖和巧妙地运用高低错落的丘陵沟壑地貌，争得良好窑洞院落的方位等方面，都处理得非常符合生态环境原则，自然和谐；在构图手法上善于运用对称轴线和主景轴线的转换推移。不难看出，古代匠师在运用古典景园学理论中的"步移景异"、"峰回路转"的构图手法上非常出色。

古寨城堡墙垣内有几组多进窑洞四合院，其内外空间组织、体量之间的自然联系，布置得井然有序、尺度均衡，富有韵律感。

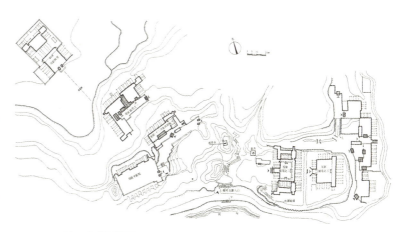

图3-66 扶风寨总平面图

图3-67 杨家沟新老院落俯视

图 3-68　马氏新院

图 3-69　马氏老院

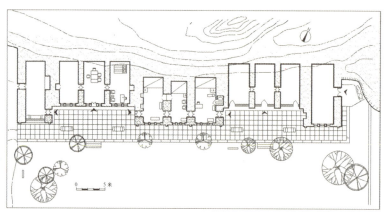

图 3-70　马氏新院平面图

古寨众多院落中以马国华之子马祝平（字新民、醒民）修建的"新院"最具代表性。新院1929年动工，到1939年未竣而停，原设计的二层楼房未建（至今可见其二层柱础）。马祝平曾留学日本，在建筑学方面见识颇广，他吸收西方建筑的造型特点，结合陕北窑洞自行设计（图3-70），并聘请当时名匠李林圣领工，施工极其严格，即使一石一木，如不合意也须另选。

"新院"建筑背靠30米的崖壁，用人工填夯形成宅基庭院。主体建筑为一排坐北朝南的十一孔石窑，正中三孔主窑突出，两侧六孔缩进，边侧两孔再前伸，平面呈倒"山"字形（图3-71、图3-72）。立面挑檐深远大方，挑檐石精雕飞龙祥云，搭檩飞椽，檐随窑转，回转联结，檐顶青瓦滴水，窑顶砖栏透花女儿墙（图3-72）。主窑两侧开小门，正面外露四根通天石壁柱、三套仿哥特式窗户（图3-73）。主窑内部空间相通，分寝室、书房、会客室；方形石板铺地，地下砌烟道。室外建地下火灶，用于冬季取暖，又可保持居室清洁。窑内还设暖阁、壁橱，主窑东侧窑墙上开出拱形洗澡间。窑前月台宽敞，放置纳凉饮茶所需的石桌。院落树木扶疏，东侧建城堡式寨门，额题"新院"二字（图3-74～图3-78）。

马祝平可谓我国最早的窑洞革新家，在窑洞建筑设计手法与艺术风格上卓有创造，不仅单体建筑，就连通达"新院"的道路环境设计也颇具匠心。欲达"新院"大门，须绕过叠石涵洞，经过老院大门户和蜿蜒的坡道，跨过明渠暗沟，爬上两段台阶，才能到达门前小广场。小广场另辟"观星台"，与院门呼应。观星台地处显要，在空间构图上起到了画龙点睛的艺术效果。在这里，中国古典园林中"隐露相兼"的构图手法运用得极为成功。步入堡门，宽阔舒展的庭院内，枣树摇曳、梨花飘香，橙黄色的窑洞粉墙上洒满了翠柏的光影。使这座"塞北怡苑"更显得生机盎然。

第三章 窑洞民居　085

图3-71　马氏庄园正窑

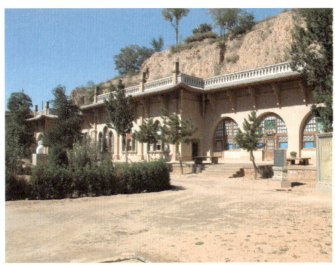
图3-72　马宅透视

图3-73　马宅挑檐

图3-74　马宅窗户

图3-75　马宅室内通道

图3-76　暖阁

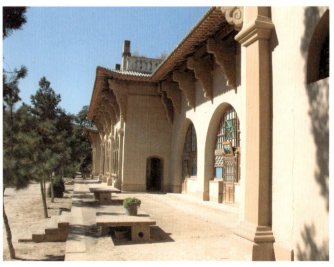
图3-77　窑前月台

图 3-78 马氏新院门楼

三、下沉式窑居村落——三原柏社村[3]

柏社村地处关中北部黄土台塬区，居于县城最北端，与耀县接壤，隶属三原县新兴镇，距三原县城及耀县均约 25 公里（图 3-79），因历史上广植柏树而得名"柏社"。村落周边为典型的关中北部台塬区田园自然景象，果树林木繁茂，地势北高南低。村落内部除北部有数条自然冲沟洼地嵌入，基本为平坦的塬地地形（图 3-80）。

晋代时期由于关中战乱频繁，百姓为躲避战祸来到了沟壑纵横、林木蔽日、水草丰茂的台塬坡地，也就是柏社村的前身。在后续的 1600 余年中，柏社村虽不断迁址扩建，但始终在五平方里的范围之内。由于地处偏僻交通不便，宋代时柏社逐步发展为塬区商贸集镇，至明清更是店铺林立。据记载，镇内盐行、炭行、药铺、当铺、颜料店、杂货铺、客栈、车马店等一应俱全，成为名副其实的商贸城。

据有关记载，柏社距今已有 1600 多年的发展历史，蕴含有古老的人居文化基因，并曾成为地区商贸发达的历史古镇。晋代柏社村民居位于"老堡子沟"，前秦时期迁移至"胡同古道"。南北朝时，北魏在此建城堡，现存于村东北，城形

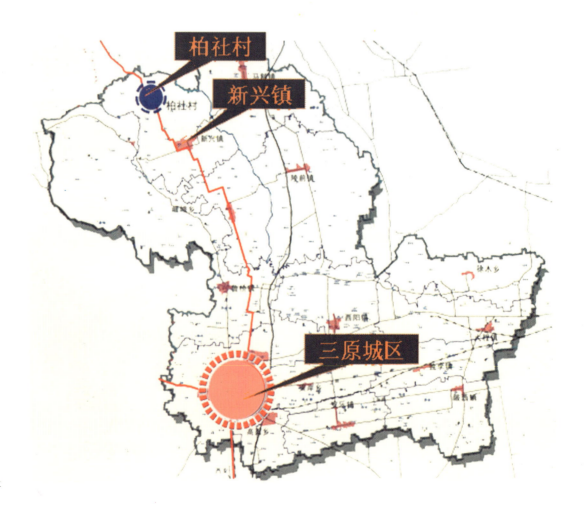

图 3-79 三原柏社村区位图

依稀可辨。隋代在古堡西南建新城，今称南堡西城。唐朝经过贞观之治，南堡又添东城。宋代，柏社成为塬区商贸集镇。明代时期建立北堡，位于寿丰寺西临，成为盛极时的商贸集镇。现今，留有当年的商业街一条，民居街三条，明清古建民宅四院（图3-81）。

村落核心区沿三新公路呈南北向展开，内部被一东西街道划分，形成南北两个片区。其中南部窑院分布较为集中连片且居于村子中心地带；北部结合地形在胡同古道两侧有部分明窑（崖窑）；中段东部主体为具有百年历史的明清古街区，村小学与其相邻。村子西南端为近年新建的村民住宅区。商业建筑主要分布于中心横向道路的两侧。

柏社村临向三新公路，具有较好的外部交通条件。内部现明确的有纵横两条拟建道路，其中东西道路宽度约为20米。其他道路均为不规则的自由形态，且以步行为主。目前柏社行政村内保留窑洞共约780院，居住人口约3756人。其中，核心区集中分布有225院下沉式窑洞四合院，无论从数量、密集程度还是保护的完整度及典型性

a. 柏社村进村不见房

b. 村落景观

c. 柏社村下沉窑洞入口

图3-80　三原柏社村聚落环境

图3-81　柏社村演进图

等诸多方面都具有突出的优势,加之窑院类型的丰富性,堪称天下地窑第一村,无疑具有重大的保护和研究价值。

柏社村整体以下沉式窑洞为主,局部结合地形形成部分靠崖式窑洞,另有明清古建筑、古庙宇、胡同古道建筑等多样的建筑类型,特别是数量众多的下沉式窑洞建筑作为古老而特殊的人居方式,积淀了丰厚的建筑、历史、人文信息。总之,柏社村民的居舍包含了土洞、简易窑洞、规范的四合头窑院、厦房、明清古建及现代砖房等多种形式,保留了不同年代的不同民居形制,本身就构成了一幅地方人居文化历史演进轨迹的现实图景。窑洞分为崖窑(明窑)、地窑(暗窑)两类。形制有方坑式四合头、八合头、十合头、十二合头等多种。窑院顶部多砌有沿墙,窑洞洞高3.5米,洞顶厚3~3.5米,宽3.5~4米,深10~20米不等。窑内墙壁多采用当地极富特色的矿土"白土"粉饰(图3-82~图3-84)。

图3-82 村内窑洞院落

图 3-83 窑房结合式院落

第十节 结语

黄土高原窑洞民居，是西北民居中重要的民居类型。自 20 世纪 80 年代以来得到世界各国建筑学界的高度关注，国内学者也对其进行了全方位的研究与实践，并取得了丰硕的成果。窑洞自身的节能节地特点，冬暖夏凉的生态优势也为今天新农村建设提供了重要的借鉴。对现存的窑居村落，人们已认识到它的文化遗产的价值，并进行了保护规划。相信不久人们就会使古老的窑洞民居焕发出新的青春。

注释：

[1] 塬，特指我国西北部黄土高原地区，因流水冲刷而形成的高地，四边陡，顶上平。
[2] 尹弘基. 论中国古代风水的起源和发展. 自然科学史研究，1989(01).
[3] 本节内容参考雷会霞提供的柏社村规划文本资料。

图 3-84 窑房结合式院落门楼

第四章 关中民居

第一节 关中自然与人文环境

一、自然地理

关中平原介于陕北高原与秦岭山地之间。西起宝鸡峡，东迄潼关港口，东西长约360公里，西窄东宽。总面积39064.5平方公里。关中平原是由河流冲积和黄土堆积形成的，地势平坦，土质肥沃，水源丰富，机耕、灌溉条件都很好，是陕西自然条件最好的地区，号称"八百里秦川"（图4-1）。

基本地貌类型是河流阶地和黄土台塬。渭河横贯东西入黄河，河槽地势低平，海拔326～600米。从渭河河槽向南、北两侧，地势呈不对称性阶梯状增高，由一二级河流冲积阶地过渡到高出渭河200～500米的一级或二级黄土台塬。阶地在北岸呈连续状分布，南岸则残缺不全。渭河各主要支流也有相应的多级阶地。宽广的阶地平原是关中最肥沃的地带。渭河北岸二级阶地与陕北高原之间，分布着东西延伸的渭北黄土台塬，塬面广阔，一般海拔460～800米，是关中主要的产粮区。渭河南侧的黄土台塬断续分布，高出渭河约250～400米，呈阶梯状或倾斜的盾状，由秦岭北麓向渭河平原缓倾，如岐山的五丈原，西安以南的神禾原、少陵原、白鹿原，渭南的阳郭原，华县的高原，华阴的孟原等，目前已发展成林、园为主的综合农业地带。

二、社会文化

关中平原是陕西省的一块风水宝地，也是中华民族定居最早的地区之一，历史悠久，文化源远流长。从上古时代蓝田猿人，半坡的仰韶文化到西周定都丰镐，曾有周、秦、汉、隋、唐等13个王朝在这里建都，关中平原一直是中华文明的中心。"关中"在今天已不是一个纯粹的行政地理概念，而是中华民族传统文化中的一个地方文化圈，它是一个具有稳定性和完整性的文化地理范围，"关中文化圈"的地理范围大体上仍是秦汉时代的关中地区。关中地理概念与文化圈的这种"地域"的模糊观念已经转化为对地域文化界分的标志，深深地积淀在人们的头脑之中，跨越了行政地理的界限，并且对地方发展产生着深远的影响。

关中地区悠久的历史，深厚的文化积淀，关中人独特的审美能力与艺术表现力，孕育了丰富多彩的文化艺术。为我们留下了丰富的文化遗产，对关中传统民居建筑，在内容样式、造型、构成及色彩上都产生了巨大的影响（图4-2）。

在关中地区，习惯把剪纸称为"窗花"，它被作为建筑装饰不可忽视的一部分。实质上，剪纸还包括了墙花、灯花、礼花、顶棚花、枕头顶底样、鞋花底样等，其饰纹简约，在剪刻表现上重形的结构，依形赋饰，变结构线为饰纹，装饰与结构相互融合，和谐流畅，自然得体，誉誉几剪，形靓神生。关中地区的民间剪纸也是周原文化的重要组成部分，曾在周原民间艺术的发展进程中发挥过积极作用。这种自剪自赏的百姓艺术，也从不同的角度揭示了劳动人民的淳朴情感及对幸福、祥和、美满人生的追求与渴望。其中，民间老窗花样有着青铜图案之巧、汉石刻之朴。它既是历史的艺术，也是关中民居衍生的艺术，具有

图4-1　关中区位图

a. 尚黑的建筑色彩

b. 民居大门

c. 关中老人

d. 尚黑的建筑色彩

e. 关中老人

丰富深厚的文化内涵。关中地区凤翔泥塑形态逼真，艺术形态粗犷夸张、威武而可爱。以大红大绿的色彩，酣畅淋漓的线条，浪漫神奇的纹饰闻名遐迩，在全国众多的民间泥塑中独树一帜。关中地区的秦腔、皮影戏，民间社火，饮食文化等这些非物质文化遗产与关中民居交相辉映，构成关中地域文化的鲜明特征。

第二节　民居要素与布局特征

一、院落

关中传统民居与我国北方和中原地区的传统民居一样以四合院为基本形制，所不同的是大量中小型民居用地狭窄，面宽多在9～10米左右。正房与倒座分三开间，或倒座为五小开间。两边厢房进深不超过3米，多为三或五开间，每间宽约3米。中间庭院宽为3～4米，俗称"关中窄院"（图4-3）。有些大型民居用地较宽时，也多加大厢房进深，或在两厢前加柱设廊，庭院也很狭窄（图4-4）。这是关中传统民居的主要特点，称之为"窄院民居"。"窄院"的形成有其自然、地理、社会、历史等诸多因素的影响。

关中地区气候干燥，夏季炎热，在其所属的6市39县中，有5市30县的夏季气温高达40℃左右。因此，在民居建设中遮阳蔽荫，缩短夏季东西晒的日照时间，减少高温辐射，成

图4-2　关中民俗文化

图4-3 关中窄院（旬邑唐家大院）

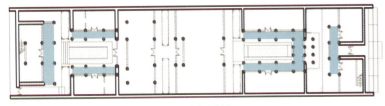

a. 三原孟店周宅

b. 韩城党家村某宅

图4-4 加柱设廊式关中窄院

为了改善居住环境的重要问题。缩小庭院宽度，加大周围房屋的出檐，就可使庭院大部分时间处在阴影之中，既阴凉又有利于周围居室的通风。夏季庭院是休息、纳凉、就餐和从事家务劳动的主要场所。所以，窄院的形成是与当地自然条件分不开的。

关中地区风调雨顺，土地肥沃。气候虽较干燥，却适于麦、棉的生长，为农业自然经济的发展提供了优越条件，故陕西大部分人口集中于关中。在民居建设中，关中人非常重视传统居住文化的风水观念，择好地建村盖房。因而节约用地，少占农田显得十分重要。民居都沿街巷户户毗连布置，在保证每户用地面积不变的情况下缩小宅基地的面宽，加大进深，就可以缩短街道、巷道的长度，从而可减少城镇和农村的占地面积。这也是窄院得以继承和发展的又一因素。

一种居住形式形成并作为传统居住文化的一种固有模式，世代相传，一直延续至今，除了地区的自然条件之外，历史与社会的因素也具有重要作用。漫长的封建社会，历代统治者为了维护整体的封建秩序和巩固自己的统治地位，都大力提倡儒家学说、严格的等级制度，对建筑的影响极为深刻。在汉武帝时就要求一切建筑都要遵守礼仪制度。到了唐代，等级制度更为严格。在宅第建设方面作了严格和详细的规定，《唐会要·舆服志》中记载："……六品七品以下堂舍，不得过三间五架，门屋不得过一间两架……又庶人所造堂舍，不得过三间四架，门屋一间两架……"。[1] 可见按这一传统制度，四合院的布局形式必然形成窄院。

由于历代战乱和自然灾害的影响，盗匪时有发生，百姓多遭劫难。为防盗匪，往往在庭院上空屋檐之间加设一层铁丝网，称为"拦天网"，在三原、旬邑一带较为普遍（图4-5）。院窄则严谨内向，便于防御，尤其富户更需防范。由此可见，窄院的形成和发展是由多方面因素决定的。

二、屋顶

窑院民居布局严谨，房屋与院落虚实相生，层次分明，厅房与厦房主从有序。厅房高大宽敞，装修精致，屋面做双坡。厦房尺度较小，檐口与屋脊也较低，屋面多做单坡，坡向院内，俗称"房子半边盖"，成为"关中八大怪"之一（图4-6）。因用地狭窄，厦房的进深都比较浅，单坡顶即可满足屋面排水要求。高大的厦房后墙不仅防御性强，又可作为邻宅间的分界。相邻两户厦房对应设置时仍不做双坡顶，省去了两户屋面相接形成的水平天沟，简化了屋面排水。同时，关中地区土层厚，雨水易渗、难积，且地下水位低，打井困难。如渭北台塬上的蒲城、澄城、白水、永寿等地，将庭院四周屋面流下的雨水汇集于院中窖井贮存，以供饮用和生活用水。关中人称这种屋面形式为"四水归一"，意为财水不外流。可见，窑院民居由层层房屋与院落形成的多层次空间形态不仅富有节奏感，并具有较强的内聚力。同时，曲缓的小青瓦屋面，花砖雕饰的屋脊，脊上造型优美的砖雕兽吻，为厚实、封闭的建筑外观增添了生机，使其在古朴、浑厚中不失精美（图4-7）。

三、门窗

在城镇和农村多数民居门房临街布置，为了安全性和私密性的要求，多数面街外墙不开窗，只在韩城地区有些住宅外墙开圆形高窗。为突出入口，大门及门楼都着重处理，大门均为高门楼，门口两边伸出墙垛，上部埠头做灯笼状花砖雕饰，也有的不出墙垛，花砖雕饰凸出墙面，更显得玲珑剔透。门上部的梁、枋、匾牌、门相等精雕细刻。包铁页子的黑漆大门边框用红线勾勒，铜制门环镶于中间，大门两边有抱鼓石、门旁设拴马桩，均映衬出入口处的庄重（图4-8）。其他地区处理比较朴素，门上只做门楣，木雕花纹简洁，显得质朴、自然。少数大型民居多施加装饰，精雕细作。当两厦山墙临街布置时，大门及门楼设在中间，多做以木雕为主的垂花门，造型

图4-5 为防盗匪加设的"拦天网"

a. 房子半边盖

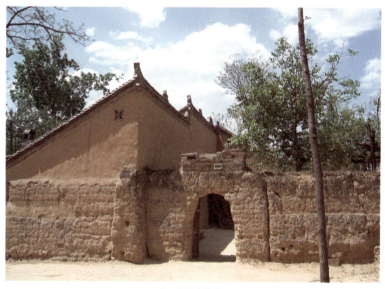

b. 房子半边盖

图4-6 "关中八大怪"之一房子半边盖

a. 屋脊装饰

b. 屋脊装饰

图 4-7 花砖雕饰的屋脊

a. 入口正面

b. 入口侧面

图 4-8 庄重的宅院入口

a. 安乐居

b. 耕读第

图 4-9 浓郁文化气息的门头装饰

优美，使建筑外观显得生动、活泼。在韩城一带，大门匾牌上都有题字，内容颇为广泛，如"太史第"、"忠信"、"宁静居"和"耕读第"等，反映宅主的社会地位、道德准则、追求、向往和期望等。关中民居集精美的砖雕、木雕、石雕、书法于一体的门楼和大门，表现出民间匠人精湛的技艺和高度的艺术造诣以及关中地区浓重的文化气息（图 4-9）。

四、空间布局

民居宅院的坐落方位依街道和巷道走向不同，有东、西、南、北宅之分。临街布置的四合院有两种形式：一种由正房、倒座和两厢组成，按照八卦方位大门多设在临街倒座侧边一间，少数居中设门；另一种由正房、两厢和入口门厅组成，两厢山墙临街，大门居中设置（图 4-10）。因所处地理位置和气候条件，以及受阴阳、五行、八卦之说的影响，民居的方位以坐北朝南的北宅为最佳。正房面南向阳，大门开在东南角"巽"字位上，关中人称北宅为"阳宅"，并传称"南楼北厅巽字门，东西厢房并排邻，院中更栽紫荆树，清香四溢合家春"，这是对传统四合院居住形式与合家欢乐、祥和的居住气氛最为形象的写照。

关中人把四合院的正房称为"厅房"、"上房"，倒座称为"门房"，厢房称为"厦房"。厅房位于中轴线上，基座高，尺度大，是全宅的中心。供长辈居住和作为祭祖、会客、庆寿、

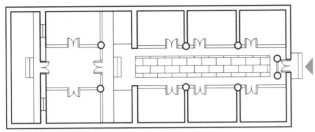

a. 居中设门（韩城薛宅）　　　　　　　　b. "巽"字位设门（西安安宅）

图 4-10　入口空间的设置

举行婚丧仪式等家庭庆典活动之用。门房和厦房基座略低，尺度也较小。门房作客房用，上部阁楼用于贮存。厦房供晚辈居住，东厦略高于西厦，哥东弟西，以示长幼之分。灶房多设在左边厦房第一间，因地区不同，差异也较大，在旬邑一带常把灶房设在右边厦房，水井设在左边，称为"左青龙，右白虎"，与四神相符。这种"厅房为主，门房为宾，两厦为次，父上子下，哥东弟西"的布局形式反映了传统礼制"尊卑有序"的主从关系。

窄院民居因用地狭长，房屋与院落只能沿纵向组织。关中人又很重视家庭的礼孝与亲和关系，习惯多世同堂，合家共居一处。为了有效地组织和适应多代家庭生活起居的需要，多数民居房屋与院落的层次较多。即使小型民居亦非仅为一个院落，农村多数宅院除了居住部分为一四合院外，多在后边或前后设院，可供种植树木，饲养家禽等。前后都设院时，后院进深较浅，设厕所或杂用。当家庭人口增加或经济好转时，即以其作为扩建用地。这种布局形式很适应农村家庭日常生产和生活的需要（图4-11）。城市中有些小型民居也在厅房后边设浅后院，作辅助之用。中型民居多采用两、三个四合院串联组成的多进院式，其中以两进院最为普遍。正厅与前庭是举行大型家庭活动、祭祖和接待宾客的场所，中庭以后是家庭生活起居的主要部分。宅内各部分功能仍按"长幼尊卑"的原则分配（图4-12）。

少数官邸和殷实大户的大型民居都采用由多进式宅院相毗连形成的连院式布局，少至两院多达十四院相连，分正院和偏院，每个宅院都保持独立性，自设大门直接对外，两院间有角门相通。正院房屋高大，庭院较宽敞，属家庭主人居住和接待宾客之用；偏院房屋尺度较小，庭院较窄，供晚辈居住，或设家庭祠堂和花园。每个宅院仍保持多进院式的特点，但空

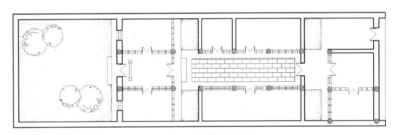

a. 后端设院（蒲城姜宅）

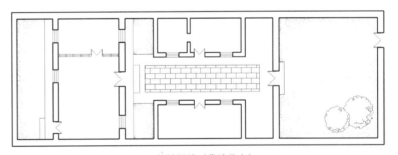

b. 前端设院（蒲城姜宅）

图 4-11　窄院沿纵向组织

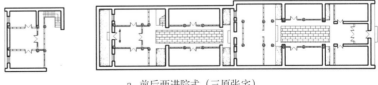

a. 前后两进院式（三原张宅）

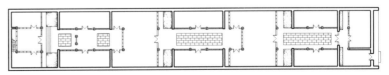

b. 前中后三进院式（西安某宅）

图 4-12　多进院式空间布局

间层次更为丰富，如多数民居在正厅后边设退厅，与正厅只有一窄天井相隔，成为延续空间，两厅联系既方便又有分隔。举行大型家庭庆典活动时常在退厅接待女宾，或家中内眷使用（图4-13）。

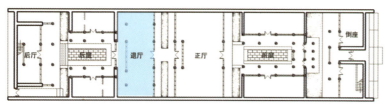

a. 多进院正厅后的退厅（三原孟店周宅）

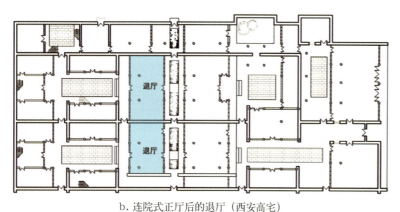

b. 连院式正厅后的退厅（西安高宅）

图4-13 正厅后设退厅

第三节 结构体系与营造风俗

一、结构体系

关中民居与我国传统建筑一样，是以木构架作为房屋骨架承受屋顶重量。墙体不参与承重，仅作为围护结构以及分隔空间之用，称为"墙倒屋不塌"。构架形式大多为抬梁式和少量穿斗式。抬梁式构架以三架梁、四架梁最多。关中地区木材资源短缺，为节省木材、减少大梁长度，大进深的厅房或需要设檐廊时，常常在三架梁前加一步架（图4-14）。在农村三架梁式构架的脊柱多用斜撑代替。当椽子用料较短或较弱时，在三架梁的一边梁上设童柱，以承托云梁和腰檩，成为四架梁式（图4-15）。大型民居厅房用五架梁或七架梁。穿斗式木构架柱子较利于抗风，用于房屋尽端靠山墙处。

木构架集结构、装饰于一体，脊柱和梁头都施加雕饰，大型民居更是雕梁画栋。为加强脊柱的稳定性，常常在两旁设托墩（角背），或用雕花托墩代替脊柱（图4-16）。厅房做"露明造"，

图4-14 三架梁前的一步架（韩城党宅）

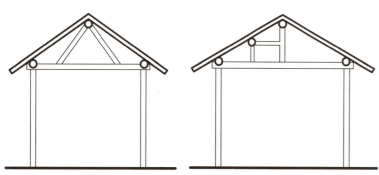

a. 斜撑代替脊柱 b. 三架梁上设童柱

图4-15 三架梁式结构

用大漆涂刷，与门窗、隔断、家具等有机地融合成一整体，显得古朴、素雅。

二、特色技术

关中地区雨量少，地下水位低，土层厚，土质塑性强。传统民居中除采用砖、瓦、石、木材外，也常用土作为墙体材料。做法有两种，一种是青砖与土坯结合，内砌土坯外砌青砖，称为"银包金"，或将土坯夹在中间作芯子，内外都用青

a. 托墩（韩城党宅）

b. 托墩（西安高宅）

图 4-16　雕花托墩代替脊柱

a. 墀头（韩城党宅）

b. 墀头（韩城党宅）

c. 墀头（旬邑唐宅）

图 4-17　硬山墀头

砖砌筑，称为"夹心墙"。该做法墙体较厚，土坯的保温隔热性能好，可使居室冬暖夏凉。这种砖与土的有机结合，反映了传统民居对地方材料的合理运用。另一种是在石或青砖勒脚以上全部用土坯砌筑，墙内外都用草泥粉刷，这是农村小型民居常用的做法。此外，夯土院墙及用草泥做屋面垫层，在小型民居中也甚普遍，反映了黄土高原地区的关中人民对于丰富的黄土资源的充分运用。

三、营造风俗

关中民居盖房前首先定桩基四周界限，在邻居之间也有约定俗成的章法，即墙骑灰线，"先盖者压墙，后盖者压房（脊）"。筑夯土墙时以界线作墙中线，墙是两家的"官墙"。合屋并脊：如果合脊，房屋起架高低相同，美观坚固；如果不合脊，后盖的屋脊高度超出先者则被视为失礼的行为。打墙时如果边线以两家界畔为准，这墙便被视为"私墙"，邻居再盖房时便无权靠墙，需另外做墙。20世纪80年代之后，关中农村普遍砌筑砖墙，为了施工方便，全部改为私墙，各自砌墙，虽然方便，但对资源的有效利用却不如前辈。

民谚"有钱难买西北房，冬天暖和夏天凉"，关中民居的建设一般先建西面和北面的房屋，即优先居住面东和面南的房屋。较长的院落，居中盖"腰房"，形成两进或三进院落。在屋檐高度上一般是"步步高升"，从前至后一次升高，取"一辈更比一辈高"的寓意。如果院子靠着小巷和大路，那么厦房对外的一面设一檐，坡长仅及朝院里一面的四分之一，这种房子称为"豹子头"。硬山墀头是硬山山墙檐柱之外的部分，由下碱、上身和盘头三部分组成是民居装饰的重点部位（图4-17）。厦房也可以设四道檩，前面一排明柱，形成穿廊、歇阳。厦房的椽一般是两坡相接,一坡长,一坡短,叫"接椽";再有脊檩和背墙梢子之间搭上短木棒,俗称"找锣棰"。如果檩长不需接椽便可从脊檩伸到檐檩上,这种椽叫"一枪戳下马"。

四、装饰艺术

关中民居的装饰主要呈现在:

(1)屋顶部分的脊饰、脊兽、瓦饰;墙身部分的山墙、硬山墀头、窗下墙等这两部分,主要以砖雕工艺表现。而脊兽、瓦饰实为一种细泥陶塑饰件,与砖瓦同料同烧制而成,具有美化屋脊丰富房屋天际轮廓线的作用(图4-18)。

(2)门、窗、挂落、窗帘罩以及檐下斗栱等;室内屏风、落地罩以及梁架部分,这些构件的装饰主要以木雕工艺表现(图4-19)。

a. 脊饰(旬邑唐宅)

a. 落地罩(西安高宅)

b. 窗棂(旬邑唐宅)

b. 入口门楼(西安高宅)

图4-18 屋顶墙身砖雕装饰

c. 窗棂(西安安宅)

图4-19 木雕工艺

(3) 柱础、门墩石、台阶、上马石、拴马桩等，这类构件主要以石雕工艺表现（图4-20）。

(4) 民居的门楼、照壁等，则是装饰的重点部位，往往砖雕、木雕、石雕相互辉映，雕刻工艺的精湛程度往往显示出主人的社会与经济地位（图4-21）。

关中民居的装饰艺术充分反映了中原文化传统道德、伦理以及人们的生活信念和价值取向，使人在不知不觉中接受着这种文化的熏陶。民居作为传统文化的载体，必然反映出它所依托的文化背景。关中民居装饰题材与内容，传递着这种深厚的传统文化与中国传统的儒家论理所倡导的

a. 上马石（党家村）

b. 抱鼓石（旬邑唐宅）

图4-20 石雕工艺

a. 门楼（党家村）

b. 照壁砖雕细部（西安华觉巷安宅）

c. 照壁（西安华觉巷安宅）

d. 照壁（旬邑唐宅）

图4-21 工艺精湛的建筑装饰

a. 党家村聚落平面

b. 村落依塬傍水

c. 民居建筑群

图 4-22　党家村整体环境

美的本质。这一深厚的传统文化，滋养着一代又一代人。

第四节　典型民居实例

一、韩城党家村

（一）党家村概况[2]

1. 自然环境

党家村位于陕西省韩城市东北。韩城处于暖温带半干旱区域，属大陆性季风气候，四季分明，气候温和，光照充足，雨量较多，年平均降雨量560毫米，极端最高气温42℃，最低气温-14℃。党家村距城区10公里，距黄河仅3公里，属西庄镇的一个村落，是一个三百多户的大村，人口约一千四百多，全村有耕地2216亩。村落南北两侧均为黄土塬，居民大部处于葫芦形的沟谷中。村东为下干谷村，村西为上干谷村。北塬上，党家村的寨子——"泌阳堡"雄踞一侧。黄河支流泌水河绕村南而过，隔河塬上紧临南塬上村和解老寨。村南北两侧台塬高出村址30～40米，冬季可免受西北风侵袭。整个村落依塬傍水之势，水陆交通均很方便（图4-22）。

2. 历史沿革

党家村始建于元至顺二年（1331年），至今已有668年的历史。党家村居民主要由党、贾两大姓组成，外姓仅有几户。党姓家族早自元朝至顺二年（1331年）由陕西省朝邑县逃荒至此，落脚于东阳湾，挖窑安家，开荒种田。元至正二十四年（1364年）立庄名"党家河"，清朝道光年间更名为"党家村"。贾姓一家祖籍山西省洪洞县，明洪武年间（约为1368年）来韩经商，先寄籍于贾村，后迁县城。明弘治八年（1495年），贾氏第五代和党姓联姻，其子于明嘉靖四年（1525年）前后移居党家河，较党氏来此约晚二百年。

3. 村落的选址

党家村位于韩城东部黄土台塬区的边缘，海拔400～460米。是谷地村落的典型，其选址特点如下：①依塬傍水，向阳背风。党家村北依高原，南临泌水，日照充足。龙门一带常年有风，冬季寒风凛冽，党家村址处葫芦形谷地中，可免西北风的侵害；②水源方便。泌水河常年有流水，可提供部分生活用水，由于地处谷底，地下水位较高，打井方便，有足够的饮用水源；③用地充裕。泌水河形成的葫芦形谷地南北宽 35 米，东西长 800 米，有一定规模的用地，可满足村庄建设的需要；④地势北高南低，有利排水。泌水河党家村段河道较宽，河岸高差达到 40 米，基本可满足泄洪的需要。建村以来，数百年间，不曾受水患；⑤不染尘埃。党家村南北两侧台塬土质多黏性土，不易起尘，且该地区受黄河河谷影响，风速较高，党家村又处于谷地中，飘尘不易降落，因此村落空气清新，街道屋宇少有积尘。

（二）村落格局

现村落由本村、上寨和新村三部分构成（图4-23）。本村与上寨形成于明、清两代，新村系 20 世纪 80 年代村民为保护古村落完整，统一按照规划，陆续迁至北塬上新建的。其村落形态构成有如下特点：

1. 同族领域

党家村是由党氏三支族与贾姓一支族形成的同族村，为满足生活与生产的需要，修建必要的公共设施，如饮水井、磨房、祠堂、私塾、道路等，在村落内形成较为清晰的居住小领域；

2. 村落骨架

除同族的居住领域之外，决定村落结构的要素有街、巷、路等不同功能的道路体系，有山丘、河塘、沟谷、水系等可视的地形、街市、地貌要素以及方向方位、对称性、轴线等制约村落空间的隐性要素。

3. 街巷空间组织

本村的大巷为东西走向，大致成工字形，能够适应坐北朝南式四合院的布置。但随着村落不断扩大，由主街就会延伸出支线街道，这样形成的宅基地有时无法使住宅坐北朝南，而且东西向主街尚需考虑在道路两侧安排四合院，住宅的朝向和住宅主入口的方位都会发生变化（图4-24）。

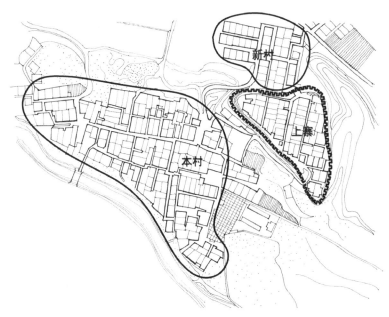

图 4-23 党家村村落构成

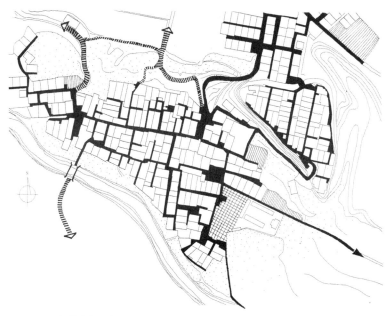

图 4-24 街巷空间组织

党家村上寨只有通过南向的隧洞才能进入寨内，靠南城墙一侧四合院均坐北朝南，但多为祠堂或强势家族的别宅。上寨街路是由三条南北向的巷道构成，故宅基地均为东西走向（即东西长，南北短，四合院住宅也只能坐东或坐西)，住宅入口非东向即西向。显然，在上寨的布局中，三条巷道取南北向是为了与南侧隧洞入口相贯通，以利人流的疏散畅通，这是防御性寨子首先要解决的问题，而住宅的朝向问题则在其次。

党家村在营建巷道时很好地处理了巷与户、巷与巷的关系。大门（院门）不冲巷口；巷不对巷；村落中，各户院门相互错开，无一相对（图4-25）。

（三）院落特征

迄今为止，党家村是陕西省内所见到的保存最完整的传统村落。城堡、风水塔、节孝碑、宗祠等一应俱全外，尚有清朝所建住宅一百二十余处。绝大部分为四合院住宅，少量为三合院。

党家村四合院给人的印象可以概括为四个字："高"——屋宇高峻，"大"——厅大门大，"简"——布局简练，"严"——封闭严密。三句话："质文并重，朴而不拙，华而不繁"。它是韩城当时社会的经济、政治、文化、风尚和建筑艺术水平的综合体现，反映了当年建造者图安全求坚固、光前裕后，富而望贵和向往风雅的心理状态。

党家村四合院的平面配置大体与北方常见的四合院相近，可是在空间上更多地融进了晋、陕两地的特点。在空间构成、结构布置、装饰手法等方面均有鲜明的特色。党家村的四合院住宅是介于城市型和农村型之间的一种典型。经对全村住宅作分析和比较后，可以看出，党家村住宅有以下特点：

（1）宅院

宅院面宽较窄，平面甚为狭长。其高耸的房屋所围成的窄四合院呈现着强烈的封闭性。厢房的结构间尺寸较小，院中见不到种植的桑槐之类，完全是人工化的空间（图4-26）。

图4-25　街巷空间

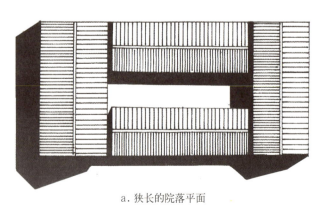

a. 狭长的院落平面

b. 窄院空间

图4-26　狭长封闭的宅院

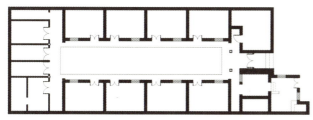
a. 八间型厢房（党复贤宅院）

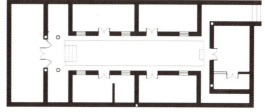
b. 四间型厢房（党建琪宅院）

c. 八间型厢房

d. 四间型厢房

图 4-27 厢房间数以偶数居多

（2）厅房

厅房功能单纯地为礼仪性的公共空间，一般不兼用作他室。故党家村中的正厅很少有"一明两暗"式的例子。

（3）厢房

党家村四合院的最大特色莫过于厢房的建筑。通常，传统建筑的间数均取奇数，按3、5、7、9依次递增或递减，已成定制，四合院住宅中厢房也不例外。而党家村的厢房间数奇数、偶数均有，且以偶数居多（图4-27）。

（4）屋顶

党家村民居中门、厢、厅各房中以楼房居多，占绝大部分，平房相对要少。各房的屋顶形式均为硬山屋顶，悬山屋顶的房屋仅有村中元代所建的戏楼和明代遗构的党生财宅中的厅房两例。陕西关中地区的厢房特点是一面坡，所谓"房子半边盖"，党家村则不循此例，多为两坡屋面。厢房还有一独特处理手法，称为"一脊两厦"，两面坡硬山屋面的厢房由屋脊处一分为二，成为两个相邻院落的厢房，这是相当经济实用和简捷的做法。

（四）典型宅院

党家村的住宅大多采用四合院的平面布置，厅房居上，厢房分置两侧，门房与厅房相对，四房相合，中间则为砖铺庭院。各房均为木构架，外围青砖墙，上覆小青瓦屋面，所见各实例的形制和做法大同小异。下面是几个经典实例的测绘图。

1. 党凡昌宅

村中较有气势的四合院中，厅房常设檐廊，冬避寒风，夏可纳凉，且四合院由四周之墙壁所界定，甚为封闭，加一檐廊，空间即多一层次，内外之间有了缓冲与过渡，视觉上也更富变化（图4-28）。

2. 陕西省韩城市党家村"太史第"[3]

太史第据考是清代翰林党蒙的后人所建。此宅院充分代表了党家村民居的特点：院落呈长方形，青砖墁地，中央设天心石。厅房居中，前为门房后为绣楼，左右两侧为厢房。其形似人体，厅房为首，门房为足，厢房为双臂。住宅中门房一脊、厅房一脊、绣楼一脊意喻连升三级（脊）。此外，其厢房的屋脊高度也不相同，即东厢房比西厢房高，以示兄东弟西之意。厅房、门房、厢房阁楼层，主要用其储藏物品（图4-29）。

a. 宅院平面　　b. 厢房立面图　　c. 宅院

图 4-28　党凡昌宅院

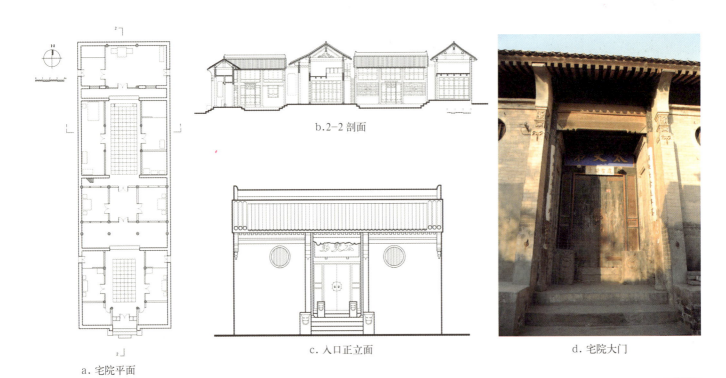

b. 2-2 剖面

c. 入口正立面　　d. 宅院大门

a. 宅院平面

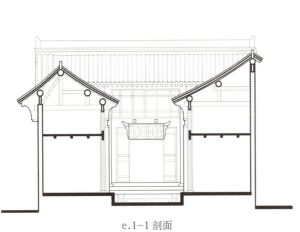

e. 1-1 剖面

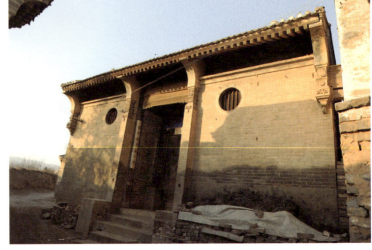

f. 入口倒座

图 4-29　"太史第"宅院

3. 大巷北侧10号、11号、12号宅院（图4-30、图4-31）。

4. 党东俊宅院

为了安全，设有多层瞭望塔，构成全村的制高点并丰富了建筑群体轮廓线。各房均设阁楼作为储藏空间（图4-32、图4-33）。

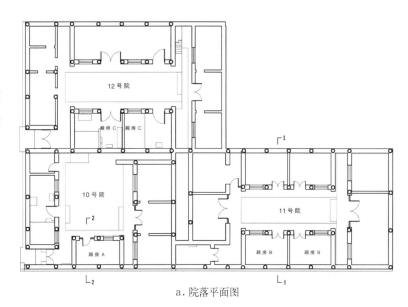

a. 院落平面图

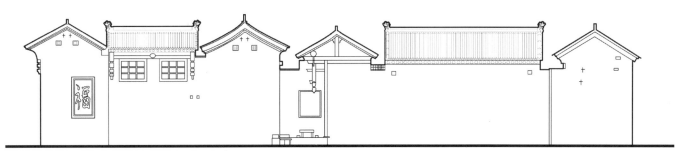

b. 10号、11号立面图

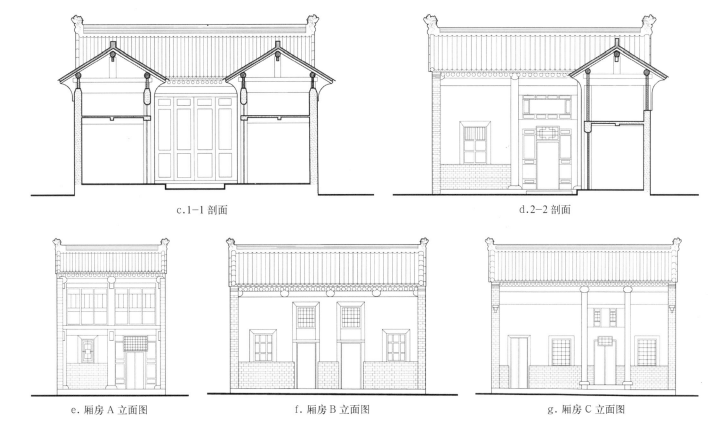

图4-30 10号、11号、12号宅院测绘图（改绘）

108　西　北　民　居

a. 10号、11号院外墙

b. 宅院

c. 宅院

图4-31　10号、11号、12号宅院

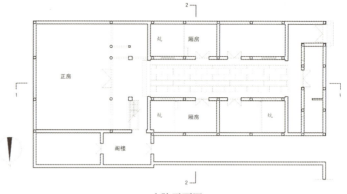

a. 宅院平面图

b. 2-2剖面

c. 1-1剖面

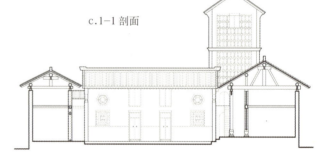

d. 瞭望塔

e. 宅院

图4-32　党东俊宅院

第四章 关中民居

a. 拴马桩　　b. 正房大门一　　c. 正房大门二　　d. 照壁　　e. 节孝碑

f. 院落　　g. 室内

h. 室内　　i. 室内

j. 室内　　k. 街巷

图4-33
党家村宅院

二、旬邑县唐家村唐家大院

（一）唐家村概况

1. 自然环境

唐家村隶属旬邑县，属渭北高原最南部，位于陕西省中部偏西，咸阳市境北端，地处关中平原的北界，陕北高原的南限（图4-34）。唐家村位于旬邑县城东北部7公里处。全村用地平坦，自然坡度约3%，村南部有一深沟。旬邑县属暖温带大陆性气候，温度适中，年均气温9℃，最低气温-6℃，最高气温22℃，雨热同期，冬暖夏凉，平均海拔1000米左右。年降水量613毫米，日照时数2390小时，而且昼夜温差大，土质疏松，土层深厚，环境无污染，发展农业生产的自然条件得天独厚。

2. 村庄现状

唐家村的民宅布局为标准的北方村落布局形制，宅基地为长方形，后院相接，前院为街，依路联排布置（图4-35）。建筑以一、二层为主，多为砖、木结构，建筑质量较差。村级主干道为混凝土路面，两侧设有排水明渠。村东部为老宅院，建筑质量较差，其中包括三院唐家民居、唐家陵寝和唐家民俗馆（省级文物保护单位），村西端为近几年新建宅院。

（二）村落格局

1. 村落形态

历史上唐家村的聚落形态，其最大的特点是宗族聚落。宗法制度是封建社会中除官僚机构外最为有效的社会管理制度。宗族关系，围祠而居，决定了唐家大院的内部结构。唐家的核心是家族堂，最早的住宅在它的两侧，到后来，就分布在有序堂的左右和后方，各房派成员的住宅建造在本房分祠的两侧，形成以分祠为核心的团块。房派到后代又分支的时候，再在外围造更低一级的支祠，它的两侧是其支派成员的住宅。唐家大院就这样形成了多层级的团块式结构布局。大小宗祠在村里的分布比较均匀。

唐家村的村落结构映射宗族结构，是农耕社会理想的秩序模式。血缘关系的亲疏直接反映出地缘位置的远近，这是宗族观念在村落建设方面最理性的表达。虽然在大多数村落中，这种清晰的对应关系已经荡然无存，但宗族观念对村落结构的影响是不容置疑的。

2. 村落布局

唐家村地处我国北方，在冬天天气比较寒冷，保暖是首要问题。聚落建筑基本采用坐北朝南的朝向，为了保证能接受到充分的光照，前后两栋建筑间需要有足够的间距，采用横巷组织方式以适应当地的气候条件。其次，唐家村是唐氏家族聚居地，他们共用一个祠堂，住宅按尊卑分布，生动地体现了村落的宗族结构。从房屋的朝向、位置、高低、大小、出入口、道路、供水、排水

图4-34　唐家大院区位图

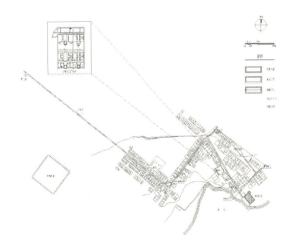

图4-35　旬邑县唐家村现状平面图

等因素的安排上，都可从风水意义上得到解读，体现了"形势派"风水理论为聚落规划的指导原则。历史上的唐家村属于规模较大的村落，从现存的唐家陵寝与石雕牌楼的规模与形制即可看出当年唐家村鼎盛时期的情景（图4-36）。

村落道路多呈棋盘状并设有连通住户的小巷。住房都沿街或巷道两旁布置，户户毗连，构成群体。这样布置使得聚落空间更加紧凑，向心力更强。据考证，唐家村共有巷道14条，其中的"大巷"均修成东西走向"工"字形的通道，位于大巷两边的主要是明清时期建造的宅院，基本都以坐北朝南为其方位。少量宅院的主入口朝北者大多位于村子周围区域。

唐家村所处的自然环境也决定了聚落采用相应的布局形态。唐家村背托丘陵坡地，聚落的街巷大多平行等高线，院落分布于街巷的两侧，所以整个聚落呈阶梯状分布，这也带来了从上而下宅院建筑类型的不同，居上者，依山势多建靠崖式窑洞院落，居下者，多建独立式院落。唐家村因其地势的变化，形成了高低错落的形态，由下向上望去，层层的墙体，片片的灰屋顶，相映成趣。

（三）庭院空间

唐家村坐落在渭北平塬上，是典型的黄土台塬地貌。唐家村的布局严谨、紧凑。唐家村庭院属于四合院体系，形制与陕西关中其他四合院相似。唐家村聚落中现存的典型代表是唐家大院，以唐家大院为例分析渭北台塬地区的民居空间构成元素。

1. 庭院空间构成

唐家大院坐北朝南，平面型制以三开间厅房为基本形制，主要构成要素有院落、正房、厅房、厢房、门房，门楼等部分。唐家大院单个庭院的平面布局是以门楼正对厅房的中轴线为主，前后左右，按照厅房（或过厅）居上、厢房居于两侧、门房在门楼两侧分布的左右对称的形式而展开。厅房坐北朝南，以充分吸纳南向阳光，厅房以南两侧建筑称为厢房，供晚辈居住。正对厅房的是

a. 唐家石雕牌楼

b. 唐家陵寝装饰

c. 唐家陵寝装饰

图4-36　唐家村鼎盛时期的建筑形制

图4-37 唐家大院测绘图

倒座,布置有门房、客房等,在倒座的正中留出一间作民居的出入口。唐家大院外墙与房屋后墙或山墙连为一体,不设独立院墙,形成比较封闭的外观形态。院子呈长方形,院落长宽比为2:1,属于关中典型的"窄院民居"(图4-37~图4-39)。

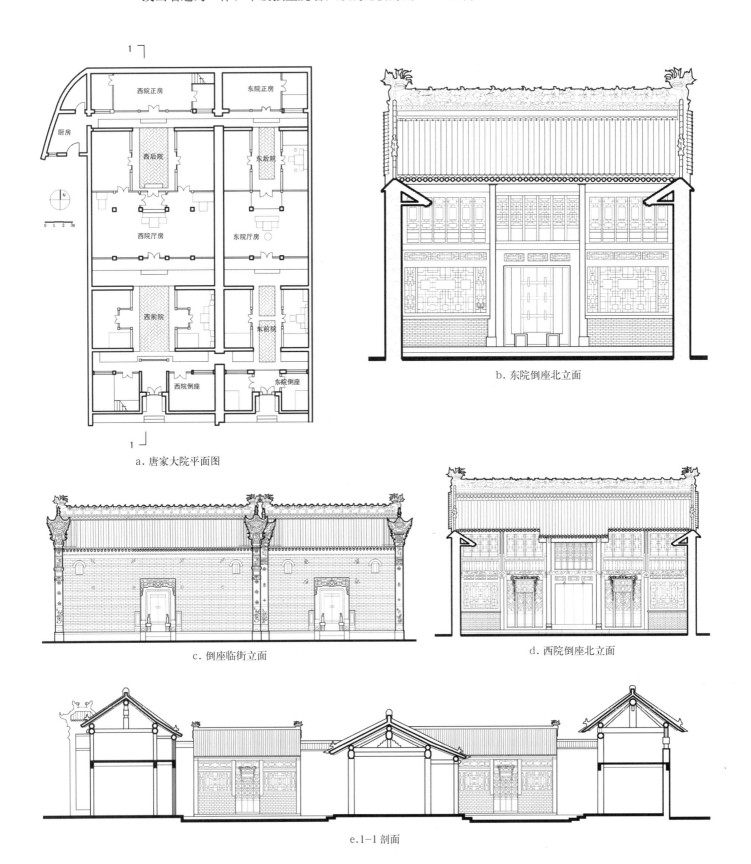

a. 唐家大院平面图

b. 东院倒座北立面

c. 倒座临街立面

d. 西院倒座北立面

e. 1-1剖面

a. 临街立面

b. 唐家大门

c. 西前院（西厅房南面）

d. 西后院（西厅房北面）

e. 东前院（东厅房南面）

f. 东后院（东正房南面）

图 4-38　庭院空间序列组织

2. 庭院空间层次

唐家大院的庭院空间，平面狭长，两厢房檐分别向外延伸1.3米左右，所以在院内仰视天空，似一狭长洞口，更显窄院民居的空间特征。门房建造成楼房，使庭院在整体上呈现屋宇高峻的壮观效果。围合庭院的四个界面北高南低、东高西低，即厅房高于门房，东厢房高于西厢房，厢房又略低于门房。庭院的地平面也随着门前照壁一级、门房一级、厅房一级而形成了庭院空间层次的上升。两种围合界面高度的变化以及地面标高的变化，使庭院空间的构成因素更加丰富，满足了居民对庭院文化隐喻的"连升三级（脊）"等民俗文化象征含义的精神诉求（图4-40）。

a. 狭长的院落通道

b. 加柱设廊的窄院形态

图4-39　较封闭院落空间

a. 丰富的交通空间

b. 内敛紧凑的过厅与厢房

c. 屋宇高峻的门房

d. 门房精美的硬山墀头

图4-40　庭院空间

3. 空间等级

正房（上房）是关中民居建筑中最主要的构成部分，因此它是整个住宅中最高的建筑单体，承担着主人日常起居、饮食、会客等功能。关中民居的正房多采用"一明两暗"的布局方式，这种布局方式有很强的向心性，把正房的中心地位体现得淋漓尽致。正房的中间开间为人们的日常活动区，左右两开间不设直接对外的出入口，由内部进入，所以它既是生活空间又是交通空间。唐家大院正房为两层楼房，楼上正中常供奉祖先牌位（图4-41）。

厅房即客厅，主要是接待客人、家族议事、重要仪式举办的场所。往往厅房陈设富丽堂皇，以显示主人的身份地位（图4-42）。

厢房一般用来当作儿女的卧室，其进深小，其高度不可超过正房。厢房位于院落的两旁，多按对称布置，且东厢房高出西厢房约20厘米（图4-43）。

在传统院落里门房是宅中仆人的住所，或是用来招待、留宿客人的房间，一般在外墙上不开窗。唐家大院门房倒座在外墙面的装饰上属关中民居中较高等级，其砖雕瓦饰工艺精湛，民居外观在壮观中又带着典雅。

4. 木结构体系

木结构是唐家大院艺术特色中的重要组成部分，它蕴含丰富的历史文化信息。它有别于夯土结构，砖砌结构，木结构可视为一种梁柱结构体系，具有显著特点。在中国传统建筑的木结构体

图4-41 西院正房

a. 西厅房北面

b. 西院厅房室内　　　c. 东院厅房室内

图4-42 厅房

a. 西前院西厢房　　　b. 厢房门窗帘罩　　　c. 东后院厢房与厅房

图4-43 厢房

系中，木材有韧性不易折断，木柱、木梁的联结用卯榫，是绞式连接，允许小的移动，就可以减轻强烈的冲击力，有效地降低地震灾害。木结构体系建造时先立木柱架，然后架梁盖屋顶，再砌墙。墙体仅是围护体，不承受重量，有"墙倒屋不塌"的说法。

唐家大院的造型体现了关中民居的重要特色。关中民居形制最重要的特点在于"空间"，我们可以看到，在平淡和质朴的建筑围合之中，充斥着饱满与丰富的空间场所形态和意义。近代以来，由于功能物化的驱使，关中民居的空间场所逐步被扩充取代，庭院的形态也被不断地扭曲和变形，使人们在满足物质需求的同时牺牲了空间精神性的需求。

5. 石牌楼

唐家村墓地的石牌楼也是关中民居中的精品，这是一座四柱三门三重檐五楼式的石质仿木牌楼，用料考究，制作工艺精湛。檐楼以整块石料雕成，脊兽、瓦当、滴水尺度精准，斗栱、立柱、额枋比例匀称。立柱、额枋、雀替上以浮雕装饰，柱础、抱鼓石上以十八罗汉圆雕装饰，其造型逼真，神态各异。唐家牌楼与北方常见的牌楼不同处是，在顶部檐楼正脊中央设置了一个重檐四角攒尖顶的小亭。这一设置使牌楼轮廓呈现出三角形造型，牌楼更加挺拔秀丽。这种造型在南方乡间常见，可见当时修建时有南方工匠的参与，使南北文化在此交融（图4-44）。

6. 装饰艺术

在唐家大院的院落、厅房、厢房、门房、门楼及室内装修等部分，我们随处可以看到各式各样的装饰雕刻。这些代代相传、精工细作的传统建造工艺在民居的细部装修中得到了充分反映，许多构件的细部雕饰本身就是完美成熟的艺术品，它们极大地丰富和烘托了整个建筑造型，给原本朴实无华的民居增添了许多耐人寻味的地方色彩（图4-45）。在大院里，我们可以通过雕刻建筑装饰看到主人表现的人生理想与道德追求。他们不满足单一的建筑规模、色彩和所用材料的贵重，而是创造出精湛的雕刻技艺，通过建筑雕

图4-44 工艺精湛石质仿木牌楼

a. 牌楼远景

b. 牌楼细部一

c. 牌楼细部二

d. 牌楼细部三

e. 牌楼细部四

刻艺术表现自己的理念、愿望及追求（图4-46、图4-47）。

唐家村的木雕是唐家村建筑的一大特色，按表现手法主要可分为浮雕和高浮雕，在隔扇门木板上的木雕题材有民间流行的"八仙图"、"二十四孝图"，隔扇门上有门帘罩，门帘罩的木雕非常精美。隔扇门和隔扇窗采用的纹样是"葵纹万字长景长窗"、"长景短窗"、"长方格窗"等。窗和门的颜色均为正红色漆饰面，建筑构架则为黑漆饰面。有二层楼的楼阁的厅房同样采用隔扇长窗形式，窗纹纹样除了有"葵纹万字纹窗"之外，还有"斜纹全线长窗"等，除了建筑构架，木装饰统一采用黑色与正红色漆饰面，呈现出关中民居特有的色彩特征（图4-48）。

唐家村房屋上的砖雕、瓦饰、脊兽更是精美华贵，没有官式建筑的威严堂皇，却以玲珑剔透、严谨精湛而张扬其个性。唐家村陵寝墓地与石牌楼都是石雕精品，石头雕刻的瓦顶脊兽、斗栱梁

a. 山墙雕饰　　　　b. 硬山墀头

图4-45　雕饰艺术品

图4-46　砖雕艺术

图4-47　石雕艺术

图4-48　木雕艺术

架，尺度精准，雕工精细，梁枋上的浮雕人物栩栩如生，柱头上的罗汉造型更是逼真传神。唐家村的石牌楼是地方工匠的创新之作，凝聚着工匠的心血与当时人们的审美理想，也是关中民间石雕的经典作品。

三、西安民居——高家大院

（一）实例概况

西安是世界久负盛名的文化古都，享有"十三朝古都"的美誉，拥有3100多年的城市发展史，作为丝绸之路的起点，它又是中外文化相互交流、各民族共生同荣之地，由此衍生的民居兼具多元文化特色，别具一格。西安市历史文化街区、传统民居，是西安历史文化名城的重要组成部分，它们与西安地区重要文物古迹共同构成了西安古都的传统格局与文化脉络。

西安城区内现有鼓楼历史街区和碑林历史街区两片历史文化保护区。西安目前有特点与价值的民居主要集中于这两个片区之内。西安传统民居扎根在西北的土地上，反映了关中从汉唐一直到明清的历史过程中积累起来的一种地方文化。西安四合院形象是外部简朴、敦实、较少装饰。这也是西安民居与其他地区民居相比最突出的特征——朴素谦和。西安民居院内比较空透，往往与经济条件相关，越富有人家的宅子内部越空透。一般四合院内装饰最多的是厅堂，其次是正房，正房的高度是四合院中最高的，通常有两层，楼上作为祭祖空间，有的二层仅作贮藏物品的阁楼使用。沿四合院轴线上的门房、厅堂、正房"步步高"，在形式上与传统习俗，风水相吻合，在内容上与房屋的性质，使用功能相联系。

西安北院门144号民居是高岳崧故居，始建于明崇祯十四年（1641年），距今360多年。高岳崧祖籍江苏镇江，于清同治十年参加科举考试，被皇帝钦点榜眼。明崇祯十四年至清同治十年，高家本族七代为官。高家大院位于鼓楼历史街区中的北院门街中段，院落布局沿北院门街向纵深方向展开，呈东西向布局。院落由南北向并排的三进院落组成，在北院门街和西羊市街上有主次两个入口（图4-49）。

高家大院兴建于明朝末年崇祯年间，到清朝乾隆年间初具规模。大院主体完工在乾隆年间，到道光年间整个院子完成。大院的大发展时期在清乾隆年间，当时社会安定，高家三子喜中榜眼，得乾隆御批榜眼及第。家族文、武、商俱全。清末家道衰落。1966年"文革"期间大院被收为国有至今。1985年西安书画院及政府部门开始进驻大院，并对院内几处进行了修缮。1999年由中挪两国政府投资对大院顶部及其他损坏严重的结构部分进行了整修。2003年底西安市国画院又对院落进行了二次整修，开发为鼓楼历史街区内第一个以民俗、民居为展览内容的民俗博物馆。

（二）院落空间

高家大院院落南北宽42米，东西长63米，占地4.2亩，房屋86间，总建筑面积2517平方米。高家大院的空间格局是严格遵循中原传统文化的

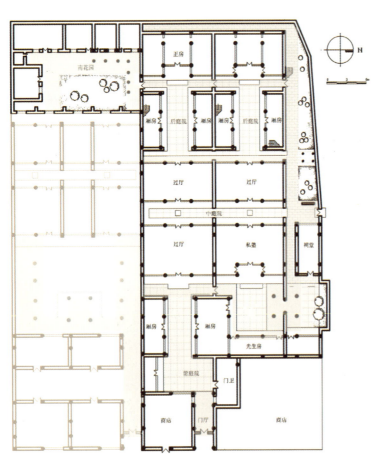

图4-49 高家大院平面图

宗法礼制秩序,讲究孝祖敬宗、长幼有序、男女有别、尊卑有分、内外有别的理念。从建筑布局看,高家大院供子孙居住的左右厢房之屋顶,低于长辈居住的正房屋顶,而正房的屋顶则低于供奉祖先牌位的宗祠屋顶,上下有别,不可逾越。各功能流线分配合理,主人、子女、管家、佣人、厨子、客人各行其道(图4-50、图4-51)。

院落的平面布局同时具备了串联式和并联式的特点。首先是沿着院落的东西轴线空间展开,形成层层递进的空间效果,然后通过四合院的南北横向通道将各院落并联,形成多轴线的建筑群体。根据院落尺度、比例及围合院落的建筑形制的差异,显示各处院落间的主从关系。

高家大院由并列的两组三进院组成院落主体,即南主院、北主院。在主体院落的南侧是南跨院,由戏楼院及佣人附属院组成。主体院落北侧是一狭长花园由围墙与闹市隔绝。即高家大院沿主街道并列由四所院落并联组成。主入口位于北院门街,坐西面东。进主入口门厅后,轴线向南转折即是高家大院的主轴线,东西贯穿三进院:前院、中院、后院。由南主院前庭向北即到私塾院,此处是北主轴线贯穿的三进院落。两个主院的前院、中院、后院都相互联通,并与北跨院相连。南跨院未全部对外开放,故联系通道只有后院与其相连通(图4-52)。

高家大院前院厢房为客房,中间是客厅兼过厅,后厅是主人办公空间,到后院是家眷院。高家大院建筑布局在规矩中以"收"、"藏"对比手法求得空间的变化。北跨院为东西贯通的花园小院,前中后各院都与北跨院相连通方便服务人员出入,使功能流线布局合理。值得一提的是北主院的后院在二层厢房间架有连廊,这在关中民居中不多见。连廊的设置方便了楼上空间联系,也使庭院空间层次更加丰富(图4-53)。

(三)建筑装饰

高家大院建筑群总体外观凝重、谦和、不事张扬,大门及院内门窗隔扇则是装饰重点。高家大院建筑高大宽敞,屋顶虽有五脊六兽,但造型朴实,结构严谨,没有华丽的高浮雕脊饰瓦件。院内山墙及空间转折节点处均有砖雕图案,砖雕主要以农蔬、松、竹、桃为题材,表达了主人高风亮节的品行及期盼"五谷丰登"、"松鹤延年"的美好愿望。特别是一进门展现在眼前的砖雕照壁龙图案,雕工精细,外观玲珑剔透,阳光之下熠熠生辉(图4-54)。

高家大院内的牌匾和楹联,构成民居庭院的文化装饰。如"迎紫"、"在中堂"、"凝瑞"和木柱上的雕刻对联,蕴含着他们祖先的身份与学识,也是他们自我鞭策、激励后人的精神追求,这其中既有做人处事的要诀,又有读书修身的警示。纵观高家大院,在庭院空间的大小转换中,在它的一石一木和砖雕木刻上,无不体现着西安传统民居的儒雅风范和中华传统文化的精髓(图4-55~图4-57)。

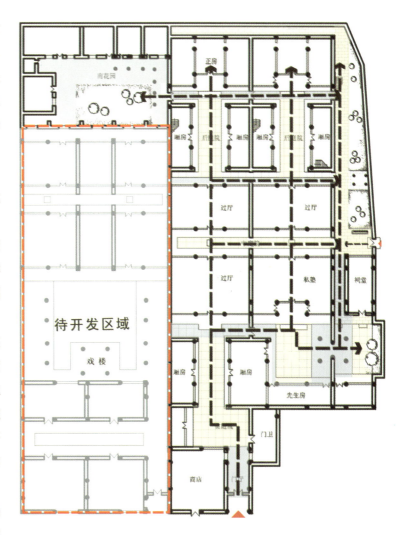

图4-50 空间流线分析

a. 中庭院

b. 南后庭院

d. 北前庭院（私塾院）

c. 南前庭院

e. 入口大门

f. 照壁

g. 北后庭院

h. 北花园

图 4-51　宅院空间序列组织

图 4-52 并联式院落

a. 南北前庭院通道耳房

b. 南北后庭院通道

c. 南北后庭院通道

图 4-53 宅院空间（下）

a. 高家祠堂

b. 月亮门

c. 北花园水井

d. 二层厢房

e. 厢房二层过道

f. 北花园通廊

g. 厢房二层过道

a. 照壁砖雕装饰

b. 山墙砖雕

图 4-54　砖雕装饰

a. 室内装饰

b. 正房装饰

图 4-55　文化装饰（一）

第五节　结语

陕西关中传统民居有其鲜明的地域特征，关中民居在平面关系和空间组织上其特点是中轴线强烈，多沿纵轴布置房屋，以厅堂、厦房层层围和组织院落，向纵深发展的狭长平面布置形式。这些院落有其共同特点，一般都具有平面布局紧凑、空间逻辑清晰、用地经济、选材与建造质量严格、室内外空间处理灵活、整体感觉沉稳内敛以及装饰艺术水平较高等特点。宅院面宽较窄，平面狭长，一般为面宽三间，10米左右；而进深多在20米以上，深者可达30米以上，划分为几进院落，给人以"庭院深深深几许"的幽静、恬适的院落意境。

随着时代的演进，许多传统民居已消失，保留下来的仅是个别的案例。今天的关中农村在村落营建规划上，依然传承着窄院民居的特征，以节约耕地为宗旨的小面宽、大进深的庄基地、户型得到普及。建筑单体造型与材料的应用却呈现出多元化趋势。关中新民居建筑的舒适度、能源的有效利用、地域文化的传承是当今民居研究的重大挑战。

注释：

[1] 刘舜芳. 关中窄院. 西安冶金建筑学院学报，1993，5（25）.
[2] 本节参考周若祁等《韩城村寨与党家村民居》相关章节.
[3] 依据刘舜芳教授提供资料改绘.

c. 楹联

图 4-55 文化装饰（二）

a. 格栅

b. 厅堂

c. 室内

d. 卧室

图 4-56 室内装饰

a. 雕花托墩代替脊柱

b. 柱、梁、檩搭接关系

图 4-57 房屋结构

第五章 陕南民居建筑

陕南地处秦巴山区，与甘肃、四川、湖北、重庆三省一市相接，位于我国南北地理分界线——秦岭、淮河一线以南，北有秦岭，南为巴山，汉水横贯东西，地理环境特殊。同时陕南也是中华民族文明的发源地之一，在漫长的历史进程中，南北文化的碰撞和交融使得陕南民居建筑不仅具传统民居建筑的基本特征，而且还表现出了鲜明的地域差异性和复杂性。

在特殊地缘结构和历史背景下，陕南文化呈现出包容、开放以及多元的姿态。自明清以来，伴随着大量移民的涌入、山区资源的开发，陕南经济发生了巨大的变化，与此同时，移民原有的风俗习惯也与当地自然和地域环境相融合，在碰撞与沉淀中，促进了南北文化的大交融。其中，巴蜀文化、荆楚文化、三秦文化、吴越文化以及岭南文化都在这里有所呈现，使得陕南地区的社会风俗、文化结构发生了深刻的变化，呈现出南北交融、东西荟萃、多元并存的地域文化特色。

陕南民居建筑文化及形态特征也呈现出这一显著特点，呈现出多元并存的格局。其中，安康民居建筑主要彰显着楚风遗韵，而汉中民居建筑却表达着巴蜀情结，但陕南各地的民居建筑，基于环境和现实需求，营建过程又能表现出一定的创造性。依形就势，合理运用当地材料，采取变通的组合方式和适当的建筑语汇来营造聚居空间，以此回应地段环境和生活方式。因此，陕南民居在历史的选择与积累的过程中，创造和沉淀出了多样的建筑形态，在与自然环境的融合与协调中，也积累了丰富的建造经验，从而构建出了这一地区特有的多元的民居建筑文化。

第一节 陕南地理区位

陕南在行政区划上包括汉中、安康以及商洛地区。从心理认可度来说，陕南更多的是指汉中和安康两地（图5-1）。一是由于两地同被汉江所润泽，地缘、地势结构接近；二是两地生活习俗接近，历史上行政区划有过统一。因此，汉中与安康两地在文化上和心理上的认同很高，具有典型的代表性。

汉中位于陕西的西南部，地处秦巴山区西段，北靠秦岭，南倚米仓山（即大巴山西段），中为汉江上游谷地平坝（即汉中盆地）；北与宝鸡市的凤县、太白县及西安市的周至县毗连，东与安康的宁陕县、石泉县、汉阴县和紫阳县接壤，南与四川省的青川县、广元市、旺苍县、南江县、通江县和万源县相连，西与甘肃省的徽县、成县、康县及武都县相邻；东西最长258.6公里，南北最长192.9公里。安康则位于陕西东南部，南依大巴山北坡，北靠秦岭主脊，东西长约200公里，南北长约240公里，汉江由西向东横贯，由此进入湖北地界。安康东与湖北省（竹山、竹溪、郧县、郧西）连接，南与川渝两省市（万源、城口、巫溪）接壤，北与省会西安市（周至、户县、长安）和商洛地区毗连，西与汉中市（佛坪、洋县、西乡）为邻。故有方志称安康为"东接襄沔、西达梁洋、南通巴蜀、北控商虢"之地。

两地地貌类型多样，既有山地，也有平坝和丘陵，但均以山地为主。只是汉中盆地较之安康盆地在地形上显得更为平坦和开阔，安康盆地小且地形起伏较大并且逼仄。两地同属于亚热带大陆性季风气候，四季分明，雨量充沛，汉中平均降雨量871.8毫米，平均气温14.3℃，安康年平均气温，宁陕、镇坪为12℃左右，其他各

图5-1
陕南汉中——安康区位图

县15℃左右,年降水量在750~1100毫米之间。无霜期长并且生态环境良好,生物资源丰富。但是由于两者之间的地形差异,汉中气候更为温和,而安康则冬天更为寒冷,夏季更为炎热,较为明显地表现出盆地与山地之间的气候差别。因此,汉中有"西北小江南"和"金瓯玉盆"的美誉,而安康却只能以"秦头楚尾"来称谓了。

第二节 陕南民居建筑形态特征

基于自然条件、气候特征、地缘关系的不同,陕南地区传统民居建筑既不像关中民居那样严整而传统,也不像陕北窑洞那样浑厚和粗犷,其风格含蓄、质朴而平和,生活味浓郁。就民居建筑的具体形态而言,安康和汉中的民居建筑差异较大,安康由于和荆楚一带比邻,民居建筑的形态特征受到楚文化影响较重,因此在建筑形态上与荆楚一带的民居建筑较为相似,青瓦、石墙、硬山屋顶、马头墙成为安康民居典型的形态特征,建筑雅致而轻快。随江溯流而上,民居建筑也发生着变化,楚文化影响在减弱,相应的,巴蜀文化的影响在加重。特别是汉中南部地区,与川北的民居较为相似,木骨、白墙、青瓦成为了汉中民居的典型特征。建筑主要是以穿斗式木构架为主,但有所变通,悬山屋面,挑檐深远,形态舒展而质朴。

一、城镇聚落形态

陕南地区多山,即使盆地也较为狭长,聚落选址多靠近江河沿岸,建筑群都沿江河布局,使得聚落形态多呈线性,从而构建了陕南地区典型的"两山夹一川,线性布局"的聚落空间形态(图5-2、图5-3)。

城镇聚落主要街道靠近江河,这里地势较为平坦,交通便利,便于进行商业活动。同时,排水和取水方便,满足大量人群居住(图5-4)。其他居住聚落,在乡间,往往选址在山脚、较为平坦的坡地,在城镇,特别是安康地区常常沿山

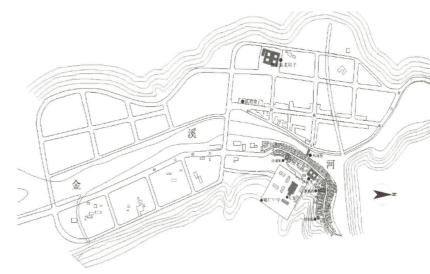

图5-2 汉中青木川古镇地形图

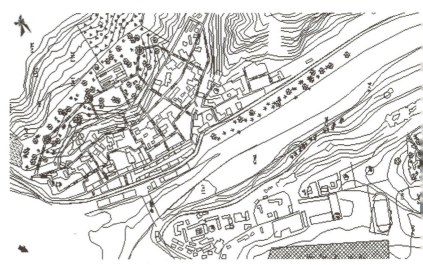

图5-3 安康蜀河古镇地形图

图5-4 华阳古镇老街

势层层叠置，这样不仅可以很好地利用地形条件，解决排水问题，同时还可减少对耕地的占用（图5-5～图5-7）。

图5-5 青木川古镇老街

a. 汉中高川镇村落

b. 安康小河镇村落

c. 汉中青木川镇村落

d. 汉中黄冠镇村落

图5-6 城镇村落

二、民居建筑平面形制及空间特征

陕南民居建筑主要以合院落作为空间组织的有两种形式：一种是独立式院落；另一种是前店后宅的民居建筑形式。当然，在陕南民居中也存在一正两厢型、曲尺形以及一字形建筑。这些建筑形式主要应用于乡间的农舍建筑中，基于现实条件和实际需求，建筑形态简洁而开敞。

（一）独立式院落

该类型的民居建筑往往位于山间高敞之地，背山面水，风水极佳。如卡子镇的张家大院（图5-8）、小河镇的"花屋"（图5-9）、黄家大院（图5-10）以及魏辅唐旧宅等（图5-11）。其平面形

图5-7　安康蜀河镇聚落

图5-8　安康卡子镇张家院子

图5-9　安康小河镇"花屋"

图5-10　安康卡子镇黄家院子

图5-11　汉中青木川镇魏辅唐旧宅

图5-12 汉中黄冠镇民居（左）
图5-13 安康瓦房店镇民居（右）

图5-14 安康小河镇民居（左）
图5-15 安康汉阴县民居（右）

制常常为一进或是两进，安康一带的院落空间由于受到地形条件限制，往往宽短，而汉中民居建筑院落空间要大一些，特别是位于乡间平坝上的，由于不大受周围环境和地形条件的影响，院落空间更为开阔，在当地常常被称为院坝。

在城镇中或是集中聚集的一般民居，虽以合院作为组织形式，但由于用地受限，建筑并没有拘泥于固有的形式，而是随山就势，因地而异，空间不一定规整，常有变化，往往还能取得好的空间层次和效果。

（二）前店后宅式院落

前店后宅的居住建筑（这种居住形式在陕南商业街道两侧较为普遍），根据地形条件，有一进也有几进，往往在平坝街巷中，院落面窄而幽深，在进深方向通过几个天井院落串联在一起，天井狭长高深。如果位于山地，或用地受限，院落仅有一进，但在空间组织上，建筑能够很好地利用高差分层组织，从而来获得更多的居住用房。

（三）乡间农舍

如果从各类建筑所占的比重来说，乡间农舍可以说占了很大一部分。山坡上、平坝中，这类建筑随处可见，虽说这类建筑看起来比较原始，基本上都以夯土建筑为主，也有用土坯砖（图5-12）和石头的房子（图5-13），其文明和精致程度远不及上述两种建筑类型，甚至有时显得非常粗糙，但它基本上可以反映出最原始的一种状态和原形。陕南各地这类建筑也表现出一定的差异性。

在安康旬阳、白河一带，乡间农舍多为一字形布局，一明两暗，墙体厚重，屋顶不用瓦而盖石板，显得有些单薄（图5-14），感觉建筑下重上轻，显得敦实而严整。汉阴一带农舍（图5-15），平面形制多为"L"形，墙体一般施以淡粉色，挑檐较远，下面有暴露于墙体之外的悬挑结构支撑，并在木构件上刻有线脚和花纹，颜色多为黑白相间。屋顶盖以青瓦，屋脊处还有白色的花饰。

图 5-16　汉中青木川镇民居

图 5-17　石材

图 5-18　建筑墙体材质

图 5-19　墙裙材质细部

图 5-20　石木结构内部

在粉墙与青瓦之间，在黑白灰的色调中，俨然没有了夯土建筑的厚重感，只觉得清秀与精巧。然而到了青木川，风格就大不一样了（图5-16），这里的农舍高大、开敞，挑檐深远。承托挑檐的木构件粗壮，并在端部增大向上弯曲以承托上部的檐檩。门前屋檐下有柱廊，木柱直通到顶，中段有拉结构件，其柱子外侧的端部通常做成象鼻状。建筑粗犷、大气而不拘小节。青木川的农舍大都依山而建，有一字形、"L"形等，其中多以一字形布局，但具体形式视地形而定，并不拘泥。中部凹进，两端向外凸出，檐下一层顶部位置搭有木架，通常用来晾晒和堆放粮食和杂物。建筑一般有两层，一层住人，二层多用来堆放杂物。

三、陕南民居建筑的营造技术

（一）建筑材料

陕南传统民居选材大都因地制宜、就地取材，不仅节约了成本，而且对这些材料进行了合理的搭配使用，顺应了自然环境、气候条件，同时也使民居建筑具有了淳朴和浓郁的乡土气息（图5-17～图5-21）。

图 5-21　屋顶材质

图 5-22 砖木结构民居内部梁（上）

图 5-23 安康土木结构民居（中）

图 5-24 汉中土木结构民居（下）

陕南民居建筑多用木材、土以及石材和砖。根据材料的不同，可分为砖木、石木以及土木结合的民居建筑。砖木结合和石木结合的建筑主要在安康地区较多，砖木建筑外墙以青砖斗砌并且踢脚的位置一般用片石砌筑，石木建筑外墙主要以片石砌筑并在外皮抹上草泥，内部则都为木结构。土木结合的民居建筑在汉中地区较多，外墙有土坯也有夯土的，墙裙位置多砌以毛石、片石或是卵石，起到保护墙体的作用。屋顶主要使用青瓦，多以冷摊瓦的形式出现。特别是在安康地区，广泛采用片石（页岩）作为建筑材料，不仅用来砌筑墙体，也把它用在屋顶上，这种做法不仅加重了民居的地域特色，而且具有很强的质感。

（二）结构技术

陕南地区民居建筑结构形式主要存在三种，一是砖木结构体系，二是土木结构体系，这是广泛存在的一种结构体系，三是石木结构体系。但在民居建筑营造的过程中，并没有拘泥于程式做法，常有变通。

1. 砖木结构（图 5-22）

砖木结构的民居建筑，主体多为抬梁式，但有所变通，一般中柱落地，檐柱落地，其他的短柱直接落在了最下部的大梁上，而不像抬梁式建筑，短柱落在各层的小梁上，而后由短柱传递给下一层的梁架上。围护墙体多采用青砖空心斗砌式，青砖斗砌不仅可以起到好的保温效果，同时表面较为光洁，家境好的人家多采用这种形式。

2. 土木结构

土木结构的建筑，主要存在两种形式：一种是简易建造方式，即围护结构以夯土为主，梁架直接搭接在夯土墙上（图 5-23）；另一种主要是以穿斗式木构架为主，但与传统的穿斗式木构架有一定的区别。正统的穿斗式木构架柱距密实，屋面荷载基本全由落地柱子承载，穿枋大都只起联系作用。而陕南民居建筑的结构也是由柱子直接承檩，但柱距较大，而且不是所有柱子都落地，有的落在穿枋上。各柱之间以穿枋联系，有大穿与小穿之别。一般来说，建筑三穿到顶，一穿连接了所有的柱子，二穿一般连接前金柱和后二金柱，三穿连接与中柱相邻的短柱（图 5-24）。围护结构也以夯土为主，柱子埋入夯土墙中。同时，有些地方民居建筑，常常为了加强檩条承受上部荷载的能力，都在其下部增加一根与檩条平行的几乎等长的构件，向上弯曲紧挨着檩条以共同承担上部的荷载，并在山面出头，直接暴露在柱子和同登外侧，这个木构件在当地被称为挂条或背檩子。室内一般为抬梁式。二层以上甚至整个山面，梁柱之间，也广泛采用竹筋泥墙。屋顶形式有硬山也有悬山，因建筑而异。

另外，在汉中南部地区，对于木料的选择并无太多的讲究，只要满足结构的需要就可以了。但在有些结构部位，青木川的民居建筑喜欢使用弯形的木构件，如檐柱之间的联系枋（图5-25），门上部的过梁（图5-26）以及联系金柱与檐柱的挑梁等，这样既能丰富建筑的表现语言又能使结构受力更为合理，同时也反映了民居建筑现实的价值取向。

3. 石木建筑

对于石木建筑形式，内部结构与上述两种结构体系并无大的区别，只是围护材料有所变化。围护材料不再采用青砖，而采用片石平砌，外部抹上草泥，随着岁月的侵蚀，好多表面已经脱落，露出里面的片石，质感很强（图5-27）。

四、建筑装饰风格

陕南民居建筑装饰风格兼顾南北，既淡雅、飘逸，又古拙和厚重。按照材质来分，既有木雕、砖雕、石雕，还有粉绘，手法因物而异，多有变化。其装饰位置多集中在门、隔扇、柱础、墀头、挑檐、山墙等位置。其中安康地区民居建筑装饰兼荆楚之风，砖雕、木雕非常精美，檐下、马头墙及墀头位置施以单色粉绘，画面飘逸洒脱，建筑灰白分明，清新淡雅，别有几分荆楚神韵。汉中民居建筑中，特别是南部地区，木雕、石雕古拙而简洁，建筑用料粗犷而质朴，建筑很少施彩，巴蜀之风浓郁。

（一）安康民居装饰特征（图5-28）

安康的民居建筑外貌以带封火墙的院落比较普遍且最为醒目，屋面样式以封火墙头与硬山并存，别具匠心，各具情趣的局部装饰则是其个性的表达。以局部墀头（垛头）、门窗突出装饰艺术个性，墀头装饰有泥塑瑞兽的，有彩画鱼龙、家禽、人物、花鸟的，也有墨书古诗的，色彩素淡。门窗材质有木有石，形状有方有圆，装饰图案多以表现"福禄寿喜"为内容，表现手法有线刻、

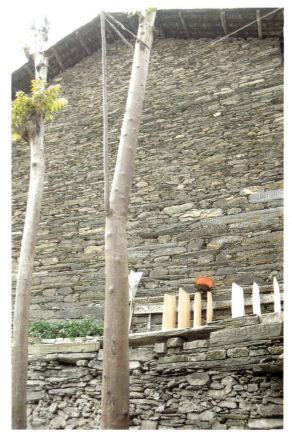

图5-25 建筑梁架细部（上）

图5-26 建筑门上过梁（中）

图5-27 安康石木民居（下）

a. 墀头

b. 檐下砖雕

c. 墀头

d. 外檐斜撑木雕

e. 窗户

f. 窗户

g. 瓦当、滴水

h. 马头墙

i. 马头墙

j. 檐下粉绘

k. 梁柱斜撑木雕

图 5-28　安康民居装饰特征

透刻、浅浮雕、圆雕，还有门窗头带清水砖装饰的。至于其余部位的装饰，如脊饰、挑枋、撑拱、柱础乃至细小的瓦当、滴水，亦各自有其艺术特色和风格。

（二）汉中民居装饰特征（图 5-29）

汉中民居建筑的装饰正如其建筑一样，朴实和简洁。华丽的装饰构件在民居建筑中很难见到，但需要有装饰的地方它也不会缺少。可以说木雕和石雕是汉中民居建筑主要的装饰手段，没有华丽的色彩，唯有材料本身所显露出的浓浓的乡土味道。

汉中民居建筑木构架的装饰主要集中在露明的构架上、柱础以及栏杆和扶手等上面。其露明部分，都被进行了适宜的细部装饰，使建筑看上去也更加宜人和亲切。建筑一般不施浓彩，大都只使用土漆刷涂，亮丽的色彩并不是建筑追逐的目标，而更多的是基于对木料本身的保护作用。因此建筑色彩和结构、装饰表现出了完整的统一性。

| a.门 | b.门 | c.隔扇 | d.柱础石雕 |
| e.窗户 | f.窗户 | g.柱础 | h.柱础 |

图 5-29　汉中民居装饰特征

第三节　陕南古镇青木川

青木川镇位于汉中宁强县西北角，地处陕、甘、川三省交界处，镇西连接四川省青川县，北邻甘肃省武都县、康县，枕陇襟蜀，素有"一脚踏三省"之誉。

古镇兴起于明正统年间，由大量流民于川谷之间沿河修建草房，形成村庄，初称为草场坝。后历经几次更名，先后被称为回龙场、永宁里等，到了光绪年间，乡民以当地一棵大青木树为象征，又以河川为名，更名为青木川并沿用至今。其最兴盛的时期，莫过于民国时期，据统计当时全国有13个省4000多人来此定居，其盛况可见一斑，古镇也由此成为当时有名的商贸集散重地（图5-30）。

一、老街

老街从北到南将近600米，一直贯通，没有叉街，依山形，就地势，沿着金溪河呈"S"形布局。由于历史原因和位置关系，老街被分为下街、中街和上街。青木川由下街兴起，又由上街联系外部交通，而真正的经济、政治中心却在中街（图5-31）。

街道两旁建筑都为两层门面，前店后宅的合院形式，院落空间依照地形和实际需要，有大小宽窄之分，但尺度宜人。沿街店铺，挑檐深远，形式高敞。

青木川民居聚落大都选址在山脚较为平坦的坡地，建筑背山面水，视野开阔，与当地的自然环境相互融合，营建出了古镇青山、绿水、青瓦房的宜人的聚居环境（图5-32）。

图 5-30　青木川区位图

a. 青木川老街全景

b. 中街

c. 老街入口街景

d. 街景

e. 街景

f. 上街

g. 下街

图 5-31　青木川老街

图 5-32 青木川乡村民居景观

二、民居建筑实例

（一）独立式的宅院——魏家老院子

青木川的魏家坝，主要是以魏姓家族居住为主。自从移民以来，家族一直在此聚居。老宅共有两进四合院，合院在当地称为天井院子。前院主要对外，分上下两层，并有回廊相连；后院主要为主人起居，正厅用于祭祀，两旁的耳房和厢房住人，仅有一层。两院之间有近2.1米高差，以台阶相连，台阶分别位于中间和两侧的屋檐下，这样既可以充分利用地形，又能起到区分内外的作用。院内地面、台阶均以青石铺砌，空间开阔。虽然前后院的平面尺寸接近，但由于围合的界面及地坪高差不一样，因此，前院的空间感觉上显得更为开阔和大气一些（图5-33）。

空间上魏辅唐旧宅利用了地形的高差来组织院落，空间变化丰富。一进院子与二进通常不在同一水平面上，充分利用台阶、楼梯、走廊来连接各个平台，使处于不同水平面的建筑之间相互融合和联系，从而形成丰富的空间效果。

相对于内部空间来说，老宅外部显得比较封闭，围护结构以夯土砌筑，只在正面除门之外，开有少量圆形和方形的小窗，体量厚重，具有很强的防御性。由外而内，在视觉上和心理上给人造成强烈的反差。

室内为了获得较大的空间，依据功能的不同结构形式灵活处理。在主厅堂中，平常不住人，仅在祭祀、大的家庭活动时用，室内空间往往一通到顶，没有楼板层，屋顶的檩条、盖瓦完全暴露，其结构形式如上所述，同登（支撑檩条的不落地短柱）下部有木雕装饰。在柱与柱之间镶有木板，区分各个房间。在住人房间中，依据抬梁式的结构原理，在楼板层以下，沿进深方向，设一弯梁，上部柱子荷载落在弯梁上，下部不落地，仅两端的柱子落地，承托弯梁传下来的荷载。在转角处，因多无居住需求，构架相互粗犷地搭接在一起，显得更加质朴。

建筑内部装饰主要以木作为主，圆门方窗，图案上下两层各不相同，虽说老宅的装饰没有华丽之美，但质朴的外表和黑灰的色调，具有浓郁的乡土味道。旧宅虽历经风雨，但从精雕细刻的窗棂门楣、石雕等细节上以及建筑的高大的体量和厚重的青石板上，仍能想象出当年魏家老宅的气派。

（二）前店后宅式的老街旧宅

前店后宅的居住模式广泛存在于陕南城镇街市中，是一种商住模式。在青木川的老街上基本上都是这种居住模式，青木川的老街一边临水，一边靠山，用地比较紧张，建筑往往只有一进院子。临水一侧的天井院子由于地形而无法向外延伸，院落空间宽而浅。临山一侧的天井院子，由于可以利用山地的高差向后延伸，因此院落空间

a. 魏辅唐旧宅一、二层平面图

b. 魏辅唐旧宅纵剖面

c. 魏辅唐旧宅一进院子

d. 魏辅唐旧宅一进院子

e. 魏辅唐旧宅二进院子

f. 魏辅唐旧宅入口门厅

g. 魏辅唐旧宅二进院子

h. 魏辅唐旧宅入口

i. 魏辅唐旧宅厢房室内梁架

j. 魏辅唐旧宅主厅室内梁架

k. 过厅和厢房连接处构架

图 5-33　魏辅唐旧宅

一般比较狭长，一般在 1∶1～1∶2 之间。老街上有两处建筑保存得比较完整，具有一定的代表性，一个是魏元成旧宅，在当地也叫烟馆，二是"洪盛魁"商号。

1. 魏元成旧宅

建筑由门房、环房（厢房）和正厅组成一进的天井院子，正厅一层，环房和门房均为两层，这种布局形式在当地称为"四水归堂"（图 5-34）。

门房既作门面又兼街道到内院的通道，正厅位于台阶之上，环房利用了院子与正厅地坪的高差，做到了两层，二层各房间则由回廊相连，正厅前的平台前有小段弧形楼梯通向回廊，若想上二楼须沿台阶到门厅前的平台上，再由弧形楼梯而上方可到达二层各房间。临街二层还有靠座栏杆，类似于我们在古建中常说的美人靠，这种栏杆形式在青木川民居建筑中很普遍，但用在临街却仅此一例。

2. 洪盛魁

在当地称为"旱船屋"，建筑共有三层，逐层向后延伸，因此，由院子到正厅需上两段台阶，二层回廊与第一段台阶的平台相连，处于同一高度，三层高于正厅前的平台，上至平台通过一段弧形楼梯才能到达三层房间。最为特殊的一点是，主人在天井院子上加了一个四坡的屋顶，并且把屋脊处理成了卷棚形式，以此来遮风挡雨，其样子很像民间社火里的采莲船，为此被当地人形象地称为"旱船屋"（图 5-35）。

建筑利用了地形的变化，高低错落，再加上光线由外而内、由下而上的明暗变化，使得空间感觉极为丰富。在纵向上有以过厅、天井和两旁

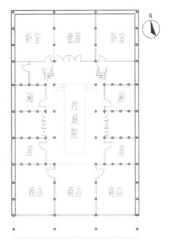

a. 魏元成旧宅一层平面

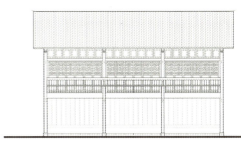

b. 魏元成旧宅立面

图 5-34 魏元成旧宅

a. "旱船屋"

b. "旱船屋"内部空间梁架

c. "旱船屋"立面

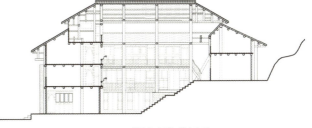

d. "旱船屋"纵剖面

图 5-35 "旱船屋"

二层挑出走廊下的通道以及台基为主要的交通流线,同时又形成了以二层周圈走廊及堂屋前平台为辅的交通流线。在横向上,是以堂屋前平台为节点向左右延伸的又一条辅助交通流线,这一横向的交通流线往往连接了辅助用房,或是另一院落空间,它利用厢房和堂屋之间形成的通道解决了这一交通问题,由于地形的起伏变化,这一辅助的交通流线有时也会有一定的高差。这样,就由这纵横的两条交通流线完成了建筑的功能组织,成就了建筑空间的变化。

同时,在建筑内部为了支撑院子上部的屋顶,暴露了所有的结构体系,在原始质朴之中透着一种结构美。

第四节 陕南古镇蜀河

蜀河古镇位于安康市旬阳县,地处两省三县交通枢纽,蜀汉(蜀河和汉江)两水交汇处,地理位置十分优越,西达川汉,北上关中,南下鄂西,东进中原,古时成为汉江上游重要的物质集散地、商贾重镇,素有"小汉口"之美称。

蜀河镇的民居建筑在安康地区具有很强的代表性。这一地区的城镇大都是因水而兴,比如紫阳、白河以及蜀河,良好的船运条件,与荆楚比邻的地缘优势,使得这些地方在经济上与荆楚一带交往甚多,因此,民居建筑长期受到楚文化的影响,无论是建筑的形制上还是细部装饰上都显现出这一文化特色。同时,商业的发达,使得这里大量存在会馆建筑,它和大量存在的居住建筑形态上都表现出了同构性,但由于功能的不同,在具体的形式上有所差别。

一、蜀河古镇街巷建筑空间特征

有机融合、因地制宜是蜀河镇街巷建筑空间的主要特征。由于地势逼仄,用地十分紧张,靠近河道的山脚下一般建设商业街道,而住宅一般位于街道之后,依山而建。建筑顺着河岸逐层向山上推进,一般用片石(当地的一种分化岩)垒起一块平地或是架空,其上建房。建筑在有限的空间内鳞次栉比,山下错落,建筑形态多变,主街顺着山体的等高线布局,沿山地而上,在不同的标高上形成城镇中主要的横向联系道路,在垂直于等高线的方向上也有拾级而上的台阶联系这些横向的道路,街巷狭窄而曲折。各类建筑的入口和朝向并没有完全拘泥于南北方向,更多的是基于地形条件的限制和方便程度来进行建筑布局,由此形成了蜀河有机的街巷建筑空间形态(图5-36)。

二、建筑实例

(一)会馆建筑

会馆建筑在安康地区广泛存在,如紫阳瓦房店的三陕会馆、江西会馆,蜀河的黄州会馆、杨泗庙(船帮会馆)以及三义庙(由河南、山西、陕西三省商人共同建造)等。目前,三义庙已毁,其原状已无法考证,仅存黄州会馆和杨泗庙。

黄州会馆位于蜀河古镇下街后坡,为清代"黄帮"(湖北黄州客商)所建,原名为黄州帝王宫,黄州馆是其俗称。从史料看,其始建不晚于清代乾隆年间,据碑记载,"在蜀贸易之诸君倡举"、"历经数十年"、"几费经营"、"罄数千金"而成。该建筑刻角丹楹,雕凿精巧,超凡脱俗,是陕南规模最大,最具代表性的会馆建筑。该建筑原状从外到里为门楼、乐楼、拜殿和正殿,但目前拜殿与正殿仅大样还在,只有门楼和乐楼保存相对比较完整。门楼实为乐楼的随墙门,门面是三丛披檐。乐楼较为复杂,为重檐顶,下为歇山上为庑殿顶,做工精细,结构严谨又富有创新,令人耳目一新(图5-37)。

杨泗庙位于蜀河镇古渡口上崖(图5-38)。坐西向东,北依山坡,据残碑推断,该建筑始建年代不晚于清乾隆年间。实为船帮会馆,因其供奉船工始祖杨泗爷,故取名"杨泗庙",其建筑组合形式乃至形态特征与黄州馆较为相似,虽为不同人群建造,但反映出的文化现象却是一致的。

第五章 陕南民居建筑

图 5-36 街巷空间

a. 黄州会馆戏楼　　b. 戏楼檐下雕饰　　c. 门楣木雕　　d. 门饰石雕

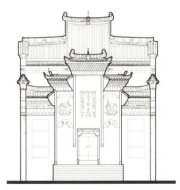
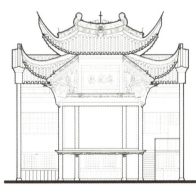

e. 黄州会馆立面　　f. 黄州会馆戏楼　　g. 抱鼓石　　h. 抱鼓石

图 5-37 黄州会馆

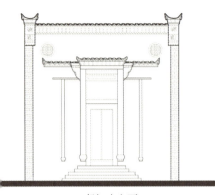
a. 杨泗庙立面

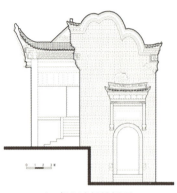
b. 杨泗庙门楼侧面

图5-38 杨泗庙

a. 清真寺

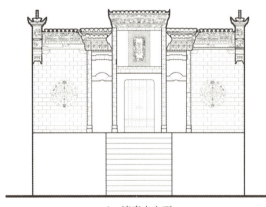
b. 清真寺立面

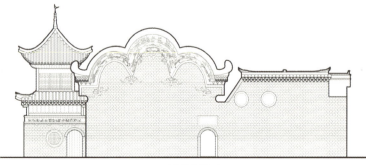
c. 清真寺侧面

图5-39 清真寺

（二）清真寺

在蜀河还有一组建筑保持得最为完整，那就是清真寺（图5-39）。据碑文记载，该建筑始建于明嘉靖年间，扩建于民国4年，至今已有300余年历史，寺院共有殿与房舍22间，占地2000多平方米，虽为伊斯兰教建筑，但其风格趋于地方化，与当地的民居、会馆建筑并无二致。

（三）居住建筑

居住建筑基本以院落合院来组织，通常只有一进，在纵深方向受到地形的限制，唯有在横向上沿等高线展开。与此同时，院落空间也因地形的高低而起伏变化（图5-40）。

第五节 结语

陕南民居在历史演进的过程中，结合特殊的地域环境和社会文化形成了自己鲜明的特点。在文化的渗透与影响下，陕南民居建筑兼巴蜀和荆楚韵味，民居建筑形态也表现出了强烈的地域适应性。结合地域资源环境，就地取材，既有石木建筑、土木建筑，也有砖木建筑形式；结合地形地势，形成了"两山夹一川，线性布局"的城镇空间形态。同时，宽阔的院坝、逼仄的天井，狭窄曲折的街巷等也反应了空间组织的多样性；结合南北过渡地理位置和气候特征，建筑形态厚重且轻盈，夯土墙、马头墙、暴露的山面梁柱，融合了南北之风韵；结构形式融合了抬梁式和穿斗式各自的特点，并在建造过程中结合实际需要作了有效地改进和变通。

然而，就民居建筑的研究而言，陕南地处于汉水流域，民居建筑的研究尚未全面和深入展开。因此，对于陕南民居建筑的研究将有助于拓展民居建筑的研究范畴，丰富小流域环境中民居建筑研究的方法和理论，同时也对陕南的新农村建设有一定的指导意义。

第五章　陕南民居建筑

a. 蜀河镇民居

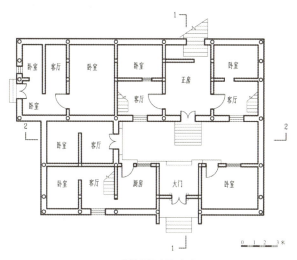

b. 蜀河镇民居平面

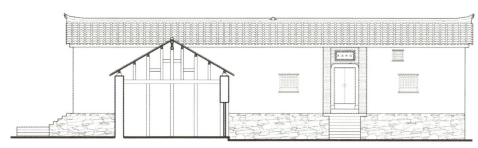

c. 蜀河镇民居立面

d. 蜀河镇民居剖面

图 5-40　蜀河镇民居

第六章　宁夏回族自治区民居

宁夏地处中国地貌三大阶梯中一、二级阶梯过渡地带，全境海拔1000米以上，地形南北狭长，地势南高北低。区内南北生态环境状况迥异，北部是以贺兰山为屏障的宁夏平原，黄河横贯其中，号称"塞上江南"；南部则是以六盘山为屏障的黄土高原，属于生态环境脆弱的半农半牧区，素有"苦瘠甲于天下"之称。

宁夏南部地区是中国回族聚居最为密集的区域，浓郁的回乡人文气息成为该地区极具差异性的重要特征之一。在漫长的历史发展过程中，回族群众不仅塑造了大量精美的伊斯兰宗教建筑，更创造出数量庞大、形式各异的居住建筑。回族民居无论其建筑平面布局还是细部处理、装饰都极富本民族文化色彩，最终形成了融自然和人文特征于一体的民居体系，构成了西北民居建筑的重要地域特征（图6-1）。

第一节 乡村聚落类型

一、聚落基本类型

宁夏聚落形态按地形、地貌的差异，大致可分为以下三种基本类型。

（一）平原团型

团状聚落是指聚落平面形状近于矩形、圆形或不规则的多边形。密集型聚落多分布于耕地资源丰富的平原、盆地和较大的塬地、川道内。团状聚落多由最早定居者住房前后左右拓展而来，其形成历史往往较为悠久，村落规模大、人数多，社会发展水平高。聚落由内向外发射几条骨干巷道，内部道路纵横交错，复杂多变（图6-2）。

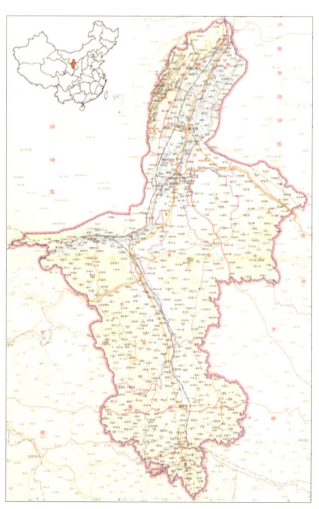

图6-1 宁夏回族自治区区位图

a. 平原团型聚落（固原王家庄）

b. 平原团型乡村聚落

图6-2 平原团型聚落

（二）河谷川道型

河谷地区空间狭窄，其聚落多为原始聚落，受空间限制，规模较小，其外部空间形态呈点式或串珠状格局，内部结构则错落无序。但在有些较为宽阔而地势较高的河谷中，村落往往以点状为基础不对称多向发展，最终集聚为较大规模的聚落。其空间演化规律呈自由延伸模式（图6-3）。

（三）山地丘陵型

山地丘陵型聚落规模不大，坐落在山坡之上，把平坦土地留作耕种。其选址一般背风向阳，聚落布局大体有走向平行于等高线和垂直于等高线两种。外部形态依坡度而定，或呈扇形坡面或呈不规则状，内部结构有垂直空间的变化，自下而上呈阶梯状排列，多者可达6～7层。此类聚落有效利用坡地，有盘山主干道与沿等高线开辟的次干道相连。近年来随着农用机车的普及，村内道路交通成为了制约村落发展的主要因素（图6-4）。

二、回族聚落分布特征

宁夏南部区域是中国回族分布最为密集的地区，与汉民族相比较，由于宗教文化、生态环境的特定影响，回族聚落外部形态特征和空间分布上明显更具自己的特色。

（一）大分散、小聚居

回族文化是伊斯兰文化与中国本土文化相互作用相互影响而形成的一个相对独立的文化体系。但是由于历史的原因，作为其文化载体的回族聚落在全国范围内呈现出"大分散、小聚居"的整体分布状态，并在其所在的各个不同地域文化的影响和作用下，形成了一系列富有地域特色的回族文化。

这种大量聚居的方式与其宗教信仰有着直接的关系。一方面，只有区域人口的大量聚居，回族民众才能聚财聚力修建清真寺；另一方面，聚居方便了回族居民之间的婚丧嫁娶等民俗行为，增多了居民之间的密切联系与交往，增强了民族内部凝聚力，也培养了小聚居领域回族人的那种

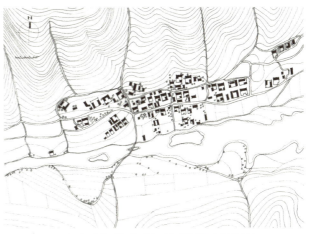

a. 河谷川道型聚落形态（海原新营乡甘井村）

b. 河谷川道型乡村聚落

图6-3 河谷川道型聚落

a. 山地丘陵型聚落形态（固原堡堡台）

b. 山地丘陵型乡村聚落（海原县西安乡菜园村）

图6-4 山地丘陵型聚落

刚毅、倔强、自尊的民族性格。正是因为这种小聚居的生活方式，"大分散"的回族才得以在整个汉文化氛围当中，保持自己的民族特色，得以自我发展（图6-5、图6-6）。

（二）围寺而居

"围寺而居"是回族聚落的显著特征之一。

在聚居的回族聚落中，当某一区域的回族住户集结到一定规模时，居民会集资修建清真寺，此后宗教文化便成为进一步的集聚纽带，形成回族聚落的另一个布局特点，即初期人口围寺而居，逐渐发展为以清真寺为核心的回族聚居区，所形成的聚居区称为"寺坊"，是回族社会的基层宗教社区。

清真寺成为聚居区建筑中的标志性建筑，所有建筑物规模都受清真寺规模控制，道路必须通向清真寺，居民们都能够看到清真寺塔尖。社区的管理、教育文化机构，商业用地基本都环绕于清真寺周围，构成社区中心，中心外围是高低错落、大小不一的民居群，聚落的边界是农田，有道路连接公路（图6-7～图6-9）。

图6-5　回民的礼拜生活（纳家户大清真寺）

图6-6　回民宗教集会（西安清真大寺）

图6-7　清真寺聚居的中心（纳家户大清真寺）

图6-8　围寺而居的乡村聚落（固原开城村聚落）

图6-9　海原县围寺而居的乡村聚落

图6-10 城关集市

（三）近边而居

川区城镇中的回族聚落，大致有着"近边而居"的分布特点，即大多分布于城市的边缘地区，即在"城关"地带聚居。例如银川市回族就分布于城市南关地带，这一点不仅对于宁夏如此，即便对于广大的西北回族聚落也很适应，如兰州市分布于城西北黄河北岸的金城关地带，西宁市分布于城东关地带，临夏市多分布于城南关地带。

形成这种分布格局的原因主要有几种情况：第一，政治因素，历史上西北城镇多为军政要地，明清时期曾一度将回族作为防范与镇抚对象，或迁其出城，或禁其入城居住。第二，商业因素，城关是人行必经之道，是商业贸易的好地方。回族人善于经商，有经商的传统，农村的大批回民来到城市经商，城内不允许居住时，便寻找城边交通要道（"城关"）地带，既可解决居住问题，又便利其就地从事商业活动谋生（图6-10）。

第二节 民居基本类型

宁夏地处内陆，跨越三个气候类型区，寒暑变化剧烈，自南向北，日照、气温、光热、蒸发递增，降水递减。宁夏的气候环境条件对民居的形态有着重大的影响，这些影响反映在民居的平面布局、庭院空间、屋顶形式、营造方式等方面。

一、中部银川平原民居

银川平原地区降水量相对较少，民居大多以土坯墙、平屋顶的形式出现，院落空间较之陕西关中地区的宅院宽敞，其中汉族住房多为土木结构平房。民居依家庭经济能力和使用功能而建造，富庶的家庭则建"三合院"或"四合院"瓦房，即富裕房讲究"四合头"、"三合头"院，院前有门、照壁，院内四面或三面起房，配置均齐。上房一般三间，五檩四椽，深门浅窗；与上房对称的倒座，均为硬山墙，两面坡，起脊坐兽；左右厢房三五间不等，多为一面坡，起脊不坐兽。城镇临街的倒座多为"铺面"，供作店铺。院内长辈、老人住上房，晚辈依次住厢房。有的富裕人家一进两院，中建过厅，内院住眷属，外院作客房。一般民宅视经济力量和使用功能而建，大多数卧室居北或西，灶房多坐东。贫寒之家建房追求节省与实惠，依山墙架檩，横檩搭椽，开间小，称为"滚木房"，是一种少用资源，经济实惠型的住宅。

回族民居与当地汉族民居和其他少数民族的民居都具有相同的地理与气候条件，民居形态有较多的相似性。建筑多为平顶房，呈一字形排列，坐北朝南。与汉族不同的是，回族民居大多还在卧室一侧建有简单的沐浴间，以供家内做礼拜前使用。在院内西侧布置厨房，形成一个转角，起到抵挡西北风的作用。另外还建有专门的仓库、工具房、农机房等，家禽、厕所多建在房后（图6-11）。

图6-11 中部平原民居

a. 中部平原民居

b. 中部平原民居聚落一

c. 中部平原民居聚落二

二、南部西海固地区民居

"西海固"是一个人文地理概念，原是宁夏回族自治区的西吉、海原、固原三县联称，现在泛指固原、海原、西吉、同心、泾源、彭阳、隆德七县，借以描述宁夏南部这一特定地理环境中的人文现象，其总面积约23801平方公里。这里降水稀少，自然环境恶劣，民居大多利用地形地貌，使用生土材料修建而成，既有高房子、土堡子、土坯房，也有各式窑洞，民居形态呈现出多元化的特征。

（一）土堡子、寨子

土堡、寨类建筑多分布于固原市原州区、海原、隆德、西吉等地，是在战乱年代，豪绅富户为了聚众自保而修筑的防御性居住形制，也有的是当年军事戍边的遗留产物。

堡寨四周用封闭厚重的夯土墙体作围墙，有的在四角建有角楼。堡、寨外墙自下而上明显收分，呈梯形轮廓。夯实的黄土墙与周围黄土地融合在一起，显得稳固、浑厚、敦实、朴素。

堡寨内部庭院宽敞明亮，其周围布置房屋、檐廊，大门沿中轴线或偏心布置。小型土堡子多采取单层三合头式庭院布局，而大型土堡多采用四合院布局，内多跨院，建筑以两层居多。土堡建筑多是乱世年代的产物，其占地多，工程量浩大，是当年豪绅富户们出于防御目的而修建的，自新中国成立后已没人修建，至今留存完好的土堡当属吴忠郊区的董福祥庄院。土堡子民居已成历史遗产，不可能延续，但是土堡子的建筑形态，围墙高角楼却深入人心，演变为后来的高房子（图6-12）。

（二）高房子

西海固回族民居常在院落拐角处的平房顶上，或者两间箍窑上再加一层小房子，俗称"高房子"。高房子建筑形态是由边塞军事堡寨的角楼演变而来的，起初具有强烈的防御特征。战乱时，被人们用来登高瞭望，起防御作用；畜牧业发达时，利用高房子守望家畜防止偷盗；后来多被用来供回族老人诵经礼拜。现在的高房子，在

第六章　宁夏回族自治区民居　151

a. 土堡子一（九彩坪乡嘎德勒耶堡子）

b. 土堡子二（海原县西安乡）

c. 土堡子院内（九彩坪乡嘎德勒耶堡子）

d. 土堡子三（海原县西安乡）

图 6-12　土堡子

民居造型上起到了丰富天际轮廓线的作用，其装饰作用已超过原先的功能，家庭多用它储藏物品。

高房子屋顶有单坡顶、两面流水型，个别地方也有阿拉伯式穹顶样式，充分丰富了建筑的外轮廓，使原本单一的院落天际线高低错落有致。高房子这种民居形式不仅当地回族、汉族采用，还影响到周边甘肃庆阳地区，成为当地民居的地域特征之一（图6-13）。

a. 高房子一（固原地区）

b. 高房子二（海原地区）

c. 院门前的高房子（甘肃庆阳地区）

图 6-13　高房子（一）

d. 高房子丰富的建筑轮廓线（甘肃庆阳地区）

e. 高房子院落制高点（甘肃庆阳地区）

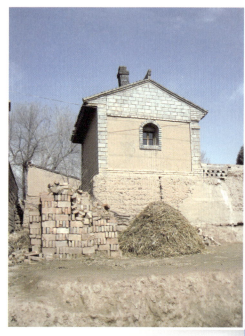

f. 高房子局部

图6-13
高房子（二）

（三）土坯房

西北地区大部分农村都以土坯建造房屋。由于其就地取材，经济实惠，在宁夏农村普遍流行。土坯房墙体一般山墙与后墙采用生土夯筑，前墙用土坯砌筑，也有全部墙体采用土坯砌筑。此类建筑在学术领域也称其为"生土建筑"。土坯即"胡基"，在当地叫"墼垃"，单块土坯规格300毫米×200毫米×150毫米。在降水较多地区，墙裙和建筑四角会用砖砌，也有人家在土坯墙外用砖平贴起到装饰与防水作用。此类民居木构件少，屋顶坡度缓，建造时，将梁直接担在墙壁上，梁上搭檩，檩上担椽，椽上铺芦苇覆草泥，房子即可建成。

该地区土坯房主要有平屋顶和坡屋顶两大

第六章　宁夏回族自治区民居　153

a. 平顶土坯房一（中卫地区）

b. 平顶土坯房二（海原地区）

c. 坡顶土坯房一（彭阳地区）

d. 坡顶土坯房二（海原地区）

图 6-14　土坯房

类型，土坯平屋顶房屋主要分布在降雨量低于 300 毫米的地区，屋顶坡度极小，无组织排水，黄泥铺面压实。土坯墙瓦房顶主要分布在 400～600 毫米降雨量范围内，其中，一面流水型屋顶建筑分布在 300～500 毫米的降雨量线左右，两面流水型则分布在 500～600 毫米降雨量线范围内（图 6-14）。

（四）各式窑洞

宁夏南部地区属于黄土高原边缘，土层深厚、气候干燥，各类窑洞建筑广布其中，种类较为齐全。

靠崖式窑洞多分布在干旱少雨的山坡、土塬边缘地带。窑洞依山沿等高线而建，建筑平面呈曲线、折线形排列，窑前是开阔的平地，洞口多用土坯、砖块砌成拱形门样。下沉式窑洞主要分布于黄土塬梁峁、丘陵地区，窑洞修建就地挖出一个方形地坑，形成闭合的地下四合院，然后再在四壁上开挖窑洞，并利用一个壁孔开挖坡道通向地面，作为出入口。宁夏的下沉式窑洞，比起陕西的地坑院要宽敞，占地也大。独立式窑洞又名"箍窑"，分布于黄土丘陵山地一带，宁夏箍窑是一种拱形无覆土民居窑洞，与陕北地区覆土式箍窑造型迥异，其箍窑外观呈尖圆拱形，构成极富地域特色的窑洞类型（图 6-15）。

第三节　民居空间和形态特征

一、院落

宁夏汉族的合院民居和北方民居的形制一样，多中轴对称，院落坐北朝南，由正房、两厢、

a. 下沉式窑洞之一（彭阳县红河乡何塬村）

b. 下沉式窑洞之二（彭阳县红河乡何塬村）

c. 靠崖式窑洞（彭阳县白阳镇姚河村）

d. 靠崖式窑洞一（彭阳县红河乡红河村）

e. 靠崖式窑洞二（彭阳县红河乡红河村）

f. 靠崖式窑洞三（西吉地区）

g. 独立式窑洞一（海原地区）

h. 独立式窑洞二（海原地区）

图 6-15　各式窑洞（一）

i. 独立式窑洞三（海原地区）

j. 独立式窑洞四（海原地区）

图 6-15 各式窑洞（二）

倒座及大门构成，因讲究风水之故大门多置于院落的东南隅，且在大门上贴上避邪的门神和吉祥如意的大红色对联。因回族没有风水和喜红的民俗讲究，所以在宁夏民居中，大门设置和门外装饰成为外观上区别回、汉民居的标志物。

回族民居必须满足日常宗教生活的功能，院落一般由起居、储藏、饲养、庭院、礼拜、沐浴六个基本功能单位组成，体现了较强的经济性、生产性和宗教性。以西海固回族民居为例，简单的院落通常分有正房和偏房；稍复杂的四合院，分有上房、下房和厢房；再复杂的还有正院、偏院之分。正房包括卧室、堂屋，其功能以起居、待客、议事及穆斯林日常礼拜等活动为主；偏房包括厨房、储藏库、杂物间等，其功能是为民居主人日常生活活动服务，作为主人日常炊事工作的场所和储藏粮食、农具、杂物的空间。正院与偏院则是正房、偏房概念的扩大。正院里包括了卧室、客厅、储藏库、杂物间，院落内空地多用于绿化，偏院则大多设置厕所、畜圈、柴草垛等，面积大的院内空间常作为菜地或果园（图6-16）。

a. 院落空间一（海原九彩坪乡）

b. 院落正房（海原九彩坪乡）

c. 院落空间二（彭阳地区）

d. 院落偏房（海原地区）

图 6-16 院落

二、屋顶

宁夏地区传统民居的屋顶形式与降水关系紧密，总体上看，屋顶与地域关系是北平南坡、北缓南高，屋顶形式与降雨量有关。

（一）无瓦平顶型

分布于300毫米以下等雨量线范围内，包括吴忠、同心等南部县市。这些地区干旱少雨，年平均降水量低于300毫米，连续降雨时间短，强度小，因此建筑多为平顶形式（指坡度小于5%），房顶无瓦，呈一面坡排水形式，屋顶常作家庭晾晒粮食、饲料之用。较好的房屋设有女儿墙，有组织排水。

其做法：先安椽，椽上布板或苇席，然后用草泥墁成平顶，待干后再抹层灰土，有的在这层灰土上墁上石灰打压光平。西海固有些比较讲究的家庭，在屋顶上铺砌方砖，大多是沿出挑檐口或屋顶边沿上压两到三层砖作女儿墙，用挡板封檐口（图6-17）。

（二）一面流水型

一面流水屋顶即常说的单坡屋顶，房顶一面高，一面低，不起脊，出檐较大。这种屋顶形式分为有瓦和无瓦（草泥抹顶）两种形式，分布在300～400毫米之间等雨量线范围内，包括指海原、隆德等地。宁夏南部西海固地区的合院，单、双坡顶建筑都有，单坡顶常用于辅助建筑上，主要有两种形式：一种是建筑后墙依建于其他墙体上；另一种则是后墙完全独立，屋脊后有一小短坡。此形式屋顶的做法较节省木屋架，屋顶向院内倾斜，利于排水和收集雨水（图6-18）。

图6-17
无瓦平屋顶

a. 无瓦平屋顶一（海原县喊叫水乡）

b. 无瓦平屋顶二（吴忠地区）

c. 无瓦平屋顶三（中卫地区）

d. 无瓦平屋顶四（吴忠董府）

a. 单坡屋顶一（彭阳地区）

b. 单坡屋顶二（彭阳地区）

c. 单坡屋顶三（固原地区）

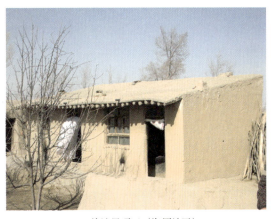
d. 单坡屋顶四（海原地区）

图 6-18 单坡屋顶

（三）有瓦两面流水型

此种类型屋顶大致分布在 500 毫米以上等雨量线范围内，这些地区多集中降水，强度较大，房屋前后两坡相交处有明显的屋脊，从侧面看房顶呈人字形，屋面多做仰瓦，出檐较大，坡度在 20°~45°左右。屋顶采用硬山搁檩木屋架，椽上架薄板，或内衬苇席，上压青瓦或红色机瓦。当地的正房、高房子和大门屋顶常用此形式（图 6-19）。

图 6-19 双坡屋顶（一）

a. 双坡屋顶一（海原地区）

b. 双坡屋顶二（彭阳地区）

图 6-19
双坡屋顶（二）

c. 双坡屋顶三（固原地区）　　　　　　　　d. 双坡屋顶四（固原地区）

三、墙体

宁夏地区寒冷干旱，昼夜温差大，防寒是房屋建筑技术的重点。当地多采用厚重的生土墙（50～100厘米厚左右）作承重和围护结构，将高热容的生土（夯土、土坯砖等）、草泥、砖石等材料组合起来，成为一种白天吸热、晚上放热的"热接收器"，使住房较好地达到"冬暖夏凉"的效果。当地这样的生土墙体主要有两种类型：①全部土坯垒砌；②墙体由木柱承重，外部用土坯垒砌。有的还将生土墙做成夹层，中间设烟道，与室内火炕相连，利用余热给室内增温。

由于生土材料的属性限制，不利于建造较高的墙体，因此在建造过程中，一般采取墙体下部宽、上部窄收分的构造方法。生土墙的优点是，保暖隔声性能好，就地取材，施工便利，造价低廉。缺点是，容易受风霜雨雪的侵蚀，抗震性能差。生土墙在施工时常采用石块加固地基，多在墙身下面用砖石或碎石砌一段墙角（图6-20）。

a. 生土墙体一（海原地区）　　　　　　　　b. 生土墙体二（中卫地区）

图 6-20　生土墙体

c. 生土墙体三（海原喊叫水乡）　　　　　　d. 生土墙体四（海原喊叫水乡）

四、门窗

由于宁夏风沙较大、光照强，所以建筑多采用实多虚少的围护结构，开窗少且小，有的房屋背面及侧面甚至不开窗。这种做法同时也避免了散热、吸热面积过大，起到节能作用。为了防沙避阳，西海固地区的民居大多为门楼式大门，进深较大，约为2米左右，前檐距门较后檐口深。一般为砖砌山墙或土坯墙承重。当地大门样式大致分为两类：

（一）平顶门

西海固地区平顶房多分布在同心等降雨量线在300毫米以下的范围内，其大门样式将其前檐木构改为平椽，椽头钉封檐板，檐上简单地压两层方砖，讲究的上砌女儿墙，留排水孔及滴水瓦，有组织排水。平板枋、封檐板、墀头是装饰的重点。当地是著名的贫困地区，大多数人家仅在山墙架一横梁，梁上搭檩，其上盖一薄板，用草泥抹平，在檐口压层方砖，简易门板（图6-21）。

（二）起脊门

起脊门多分布在等降雨量线在300毫米以上的范围内，也是两山墙间不用屋架，仅在墙墩上搁檩，一般为5根左右。上架两排短木平椽，铺上苇席，上压薄板。利用山墙做出两坡硬山顶，起脊做仰瓦屋面。为了防水和美观，外檐、墙裙、墀头外部都用砖砌。重点装饰部位还做点砖雕，呈现为简朴端庄的小康人家。还有一些民居将厨房建在主房的西头，形成一个转角，厨房的门朝东开，起到抵挡西北风的作用（图6-22）。

图6-21 平顶门（海原地区）

图6-22 起脊门

五、结构形式

地方材料的选用,决定地方建筑结构形式的成熟与地域化。宁夏地区传统建筑中存在有两种主要结构形式:

一种是以木构架承重为主,砖墙或生土墙为外部围护结构和辅助围护结构。木屋架又分为抬梁式承重结构和梁柱平檩式构架(不起坡平顶屋构架),此种结构体系抗震性能较好。另一种是硬山搁檩式的墙体承重结构,以生土墙、砖墙承重,建筑四周不用立木柱,水平木梁架在前后墙上,檩条直接担在两侧山墙与木梁架上。此类房屋虽然节省木料但抗震性能差。前者虽然耐久性、安全性较后者好,但木材用料多、技术工艺复杂、造价高,所以广大农村民居主要采用后者结构形式(图6-23~图6-26)。

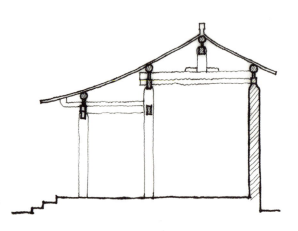

图6-23 抬梁式承重结构

图 6-24（左）
梁柱平檩式构架

图 6-25（右）
硬山搁檩式墙体承重结构

图 6-26
宁夏民居结构形式

六、其他生活辅助设施

（一）地窖

宁夏农村大多农家院内都有地窖，这种地窖呈圆锥形或者方形，直径在 2～3 米左右，一两米深，有的过去也作防匪用，更深的有三四米左右，窖高二三米。地窖挖好后，在窖底上铺麦草，四周也抹有麦草泥或拿干麦草围起来。地窖大多用来储藏蔬菜、水果、牲畜饲料等。储藏品进窖后，用石板将窖口封起来，利用地下温度、湿度相对稳定的恒温效果来储藏，使储藏品能在较长的时间内保持新鲜（图 6-27）。

（二）粮囤

粮食储藏空间在民居中很重要，宁夏西海固地区村民常在院内建土粮囤。其做法是，用干的麦草或者柳条、苇席编织而成，内外糊上黄泥，呈圆锥状，2 米多高，直径在 60～120 厘米之间。靠近顶部开存粮的入口，装有窗扇，底端留有小的囤口，用布团塞住，取粮时拿开，粮食自动流出。另外有一种小型的缸状存粮器具，用苇草编织而成，内外糊上黄泥，1 米多高，开口有 30 厘米左右，平常放粮食用。也有人家在院内另建一小土屋存放粮食或饲料（图 6-28、图 6-29）。

（三）水窖

宁夏南部干旱少雨，地表蒸发量大，吃水很困难，当地人发明了"窖藏储水"的办法，缓解缺水的困境。所谓"窖藏储水"，即是在地势比较低的雨水汇流处，垂直向下挖掘地下空间，用来储存自然流进的雨水，或者在冬天将雪搜集起来填埋到里面。当地人将这种保存雨水、雪水的地下空间称之为"窖"，样子像坛子，口小肚大，以减少蒸发表面积（图 6-30）。

图 6-27　地窖

图 6-28　粮囤

图 6-29　储粮间

b. 下沉式窑洞水窖

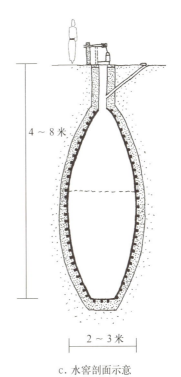

a. 水窖口　　　　　　　　　　　　　　　　c. 水窖剖面示意

图 6-30　水窖

七、装饰特征

由于地理与气候、经济等多方面影响，宁夏地区乡村民居大部分呈现出一种质朴、粗犷的原生态景观，有着历史上游牧民族文化的痕迹。与陕西关中民居那种以耕读传家的文化景观大不相同，因此在民居装饰方面不如关中民居那种细腻与丰富。但由于宗教与历史的影响，回族文化与汉族文化关系密切，文化更是具有多元性，体现在散居各地的一些富裕人家的经典民居中，建筑装饰有着鲜明的个性。

汉族民居建筑装饰以砖雕、木雕和彩绘为主。其木雕多出现在大门、窗扇上，常用图案有"二龙戏珠"、"喜鹊弹梅"、"麒麟送子"、"凤凰展翅"等。嵌于门楣、门头上的吉祥词语，附在檐柱上的抱柱楹联充满浓郁的文化气息。内容多为花、鸟、莲花、牡丹等图案，由这些装饰可以明显地看出汉民族受中原文化的影响，对福禄寿的追求，和祈求多子、门庭兴旺的传统世俗愿望（图 6-31）。

回族文化丰富多样并且极具特色。建筑色彩倾向是喜欢单纯、朴素和自然的颜色。在民居建筑内、外的色彩处理中，常喜用绿、白、黄、蓝、红五种色彩，它们的文化含义丰富而又深刻，知觉和表情亦呈多样性，象征了穆斯林民族的自然、质朴、清和与不加粉饰的民族性格。建筑纹样，其题材、构图、描线、敷彩皆有匠心独运之处，

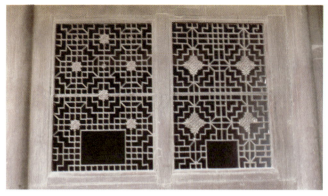

a. 门窗装饰　　　　　　　　b. 墙面装饰

c. 柱础装饰　　　　　　　　d. 门脊装饰

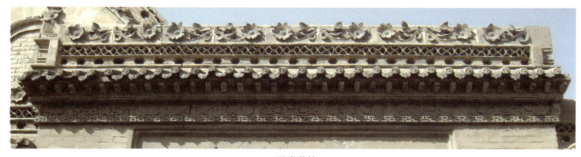

图 6-31 装饰

e. 屋脊装饰

多用在圣龛、柱梁和藻井、顶棚等处，由于受宗教教义限制，建筑雕饰常采用植物、几何、器物、文字纹样，形成自身特有风格。回族工匠擅长砖雕工艺，使当地传统建筑中装饰艺术更加以砖雕见长。而木雕受汉族建筑装饰艺术影响，呈现出两种文化相互交融的现象（图6-32）。

第四节　宁夏民居的营造特征

宁夏地区森林覆盖率低，林木资源稀缺，而黄土资源丰富，因此决定了生土作为建筑材料的广泛应用，形成了不同于中原及南方木构建筑体系的生土建筑体系，具有鲜明的地域特征。

宁夏民居的营建资源主要包括天然材料和人工材料两部分。天然材料主要有黄土、木材、石材、沙、麦草、芦苇等，人工材料包括土坯砖（胡基、墼垃）、砖、瓦、石灰等。同时由于宁夏地区长期采用生土作建筑材料，因此形成了一整套包括夯土技术和土坯技术在内的成熟加工技术。

一、制坯

土坯的制作为施工的基本工序，有干制坯和

a. 墙面砖雕装饰

b. 柱础装饰

c. 窗棂装饰

d. 木雕装饰

图 6-32 装饰

湿制坯两种。干制坯选用合适土质的黄土掺以适量比例的水分搅拌成潮湿适中的黄土，放入木模成型，置于平整结实的石板上，然后用脚踩实呈鱼背形，再用石杵子或铁杵夯打，脱模后堆架风干。在打坯前木模四壁和底座还需预先抹草木灰、细砂或煤灰以方便脱模。干制坯约 6～10 厘米厚，含水量少，容易晾干，重量轻，适合卧砌。湿制坯是指在黄土中加入 3～5 厘米长的麦草，然后和水拌成泥闷沤两三天左右，装入木模压实，脱模后，干燥一两天后侧立，堆架风干。湿制坯较厚，约在 10 厘米以上，晾干时间慢，但质地均匀，强度也高（图 6-33）。

宁夏很多地方流传着一种更为简便的方法。在每年的麦收后，将留有麦茬的麦田浇水浸泡，待其水分稍干，便用石碾碾压平实，然后用一种特制的平板锹裁挖出一块块长约 30 厘米、宽约

图 6-33 建房土坯

20厘米、厚约15厘米的土坯（当地人称之为"垡垃"），将其竖起曝晒数日，待其干透后即可运回使用。这种生土块，利用了天然的生土体，对其进行削减，改为大小合适的立方块（边长一般为150厘米左右），方便砌墙和存放、运输。由于"垡垃"抗拉强度和剪力性能低，所以常被用作非承重墙砌块、补洞、平整地坪等。但这种建房材料的大量使用对耕地有一定的破坏，使地表熟土丧失，不利于继续耕作（图6-34）。

二、夯筑墙

夯筑墙一般选用黏土、灰土（黄土与石灰之比为6：4）或者黄土与细砂、石灰掺拌，将之填入用木柱、横木等固定好的平板或者圆木槽里，然后使用石夯夯实，再拆除下层的木头，移动到上边来重新固定，如此往复，直至达到所需高度，又称"版筑"，俗称"干打垒"。夯筑墙的门窗孔洞，预留或者后挖都可以，施工简易，两三个壮劳力，打一道墙只需要几个小时，待墙干透后，就可在上面架梁盖顶，安装门窗。

图6-34 建房土坯"垡垃"

图6-35 夯筑墙

夯筑过程中采用的填土模具主要分为椽模和板模。椽模，用立杆、椽条、竖椽、撑木等做墙架；板模，则用木板做墙架，包括侧板、挡板、横撑杆、短立杆、横拉杆等。打夯时，常常两人或四人手持夯具由墙基两端相对进行，这种打夯方法叫做相对法；另一种相背法，与相对法方向相反，是由墙基中段向两端进行；还有一种纵横法，人们一组横向，一组纵向，分两组进行，左右交错（图6-35）。

三、土坯墙

土坯墙地基，一般先在夯实过的地基槽内用石块或砖砌筑至地面上40厘米以防止雨水侵蚀，在降雨量小的地区直接从基槽做起。地基砌完之后，先铺好一层浆泥，然后趁湿快速往上摆放土坯，摆完一层后再铺一层浆泥，在土坯与土坯之间是无需使用浆泥的。土坯墙经常是在很短的时间内便完工，土坯墙砌好后要往墙上抹两遍泥，

第一遍麦草粗泥，第二遍麦糠细文泥。前者起找平的作用，使墙面大致平整，后者则起保护和美观作用。有的地方还用掺了石灰的三合泥，使墙面更加光滑、有光泽。

西海固地区的土坯墙类型多样，根据使用土坯的多少，可以分为以下四种：①全土坯墙，墙体砌筑全部使用土坯；②填心墙，也称"金镶玉"，内填土坯，外砌砖块；③版筑土坯墙，墙体下半部为夯筑，上半部用土坯砖；④包砖墙，土坯墙体边角承重部位用砖块包砌。

当地土坯的砌筑方法同样丰富多彩，应用范围较广的共有以下六种：①平砖（土坯砖）顺砌错缝，这种砌法为单砖墙，上下两层错缝搭接，搭接长度不小于土坯长度的1/3，墙体较薄，稳定性差，高度受限制，多用于外墙；②平砖顺砌与侧砖丁砌上下组合式，这种做法是在平砖顺砌或错缝砌筑时，每隔几层加砌一层侧砖顺丁，间隔层数可灵活设置；③平砖侧顺与侧丁、平顺上下层砌筑，这种做法与上种做法类似，只是变为平顺、侧丁、侧顺三种方式交替砌筑；④侧砖、平砖或生土块全砌，全部用丁砌或顺砌，此种做法仅限于围墙，承重性能差；⑤平砖丁砌与侧砖顺砌上下层组合，这种墙体承重性能较好，多用于砌拱和房屋承重墙；⑥侧砖丁砌与平砖丁砌上下层组合，同样承重性能良好，较多用于房屋的承重墙（图6-36）。

土坯墙砌筑，采用挤浆法、刮浆法、铺浆法等交错砌筑，不使用灌浆法，以免土坯软化及加大土坯墙体干缩后的变形。泥浆缝的宽度一般在1.5厘米左右，土坯墙每天砌筑高度一般不超过1~2米（图6-37）。

第五节　宁夏典型民居实例

一、吴忠市董府

吴忠市董府是清末名将甘肃提督董富祥的府邸，坐落在宁夏吴忠市金积镇，至今一百多年，是一座兼具堡寨式与合院式民居特点的传统经典建筑群（图6-38a）。

董府建筑群始建于光绪二十八年（1902年），现存董府平面略呈长方形，四周围夯土墙，东西长127.7米，南北长121.6米，高8.5米，顶宽4.35米，基宽8米，占地面积1.56万平方米。早年初建时，董氏府邸拥有双重寨墙，有内寨、外寨、护府河和主体建筑群落四部分组成（现仅存内寨主体建筑群）。功能界定分明，其外寨供屯兵存粮（寨墙现已无存），内寨建筑群供居住生活之用，有高大的夯土墙围护构成内寨墙（图6-38b）。

图6-36　土坯墙

图6-37　土坯墙砌筑

图6-38　董府（一）

a. 董府及周边聚落

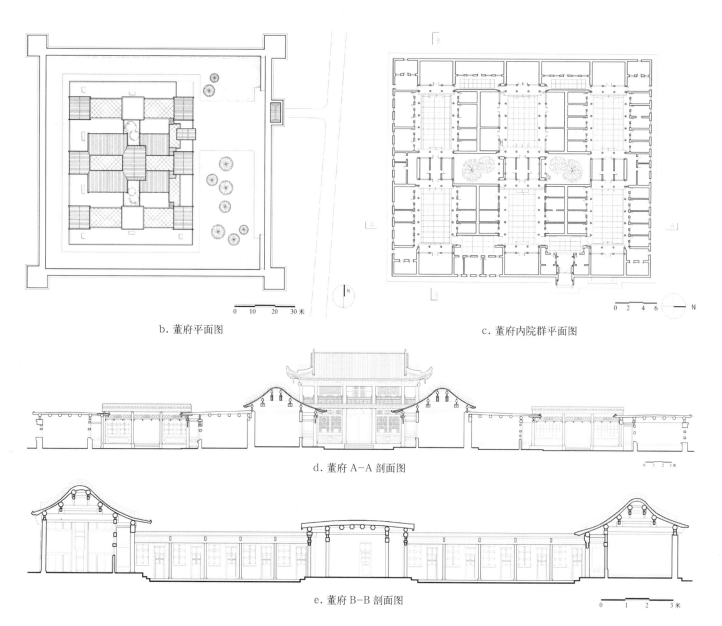

b. 董府平面图

c. 董府内院群平面图

d. 董府 A-A 剖面图

e. 董府 B-B 剖面图

图 6-38 董府（二）

进入董府内寨大门是董府院落建筑群，是一方形大院，东西 60.3 米，南北 74 米，占地面积 4462 平方米。董府院落空间体系严整对称，有相互毗邻却又各自独立的三列两进四合院，即北院、中院、南院三部分，充分体现出汉民族礼制文化熏陶（图 6-38c～图 6-38e）。但值得注意的是，府门向东，院落建筑整体坐西向东布置，且正门位于建筑群东北角。这种有别于汉族建房坐北朝南的做法，据说是主人身为朝廷重臣，房屋朝向京城方向以示忠心感恩朝廷之意。根据董府所处的地域环境，可以看出宅院布局明显受到当地伊斯兰文明以"西"为尊思想的影响，院落方位朝向与清真寺一致。

董府内院群为三组两进四合院，相互毗连，内院群进深（东西）60.30 米，面阔（南北）73.69 米。房屋过百间，占地面积 4455 平方米。董府的空间序列完全按照中国传统建筑的空间组织手法，以内院群中轴线（也是中院的中轴线）为主要的轴向空间序列，并在主轴上向南北发展衍生出连接南北两院的次要序列。另外，在主轴的北侧还设有两组入口序列，在经历了前导入口序列的两次转折后才能到达主空间序列。通过平行于主轴的入口前导序列，和与主轴垂直的次要序列的转变，形成曲折的前进路线从而增加了空间的层次感，同时空间序列的安排也显示了前后、左右共三组院落的主次等级（图 6-39）。

第六章　宁夏回族自治区民居

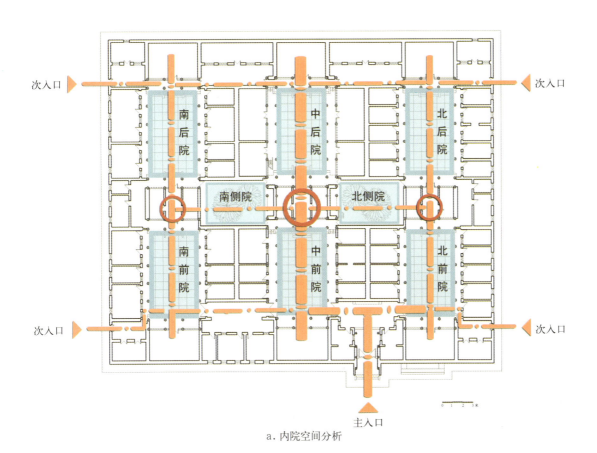

a. 内院空间分析

b. 董府外观

c. 董府堡墙

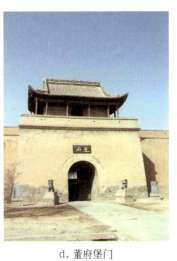

d. 董府堡门

图 6-39　董府（一）

170　西北民居

e. 内院前广场

f. 内院大门

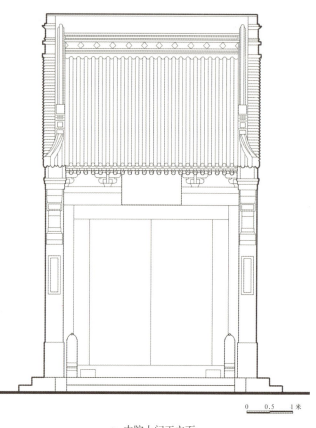

g. 内院大门正立面

图6-39　董府（二）

a. 内院建筑群

中院是整个董府建筑群的空间核心，也是建筑艺术处理的重点区域。中院亦分前中院与后中院两个四合院落。前中院倒座面阔三开间，六架梁，卷棚顶。南厢房面阔五开间，其东端末间为通往南院的小门，屋顶同倒座。中院过厅二层，面阔五间，六架梁，卷棚顶，其一层明间为过厅，二层为董福祥书房（图6-40）。

b. 内院入口照壁南侧门

c. 中前院过厅

图6-40　中院（一）

第六章　宁夏回族自治区民居　171

d. 中前院过厅正立面

e. 中前院过厅北侧面

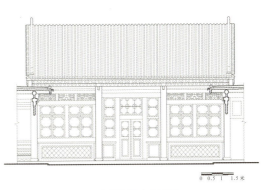

f. 中前院厢房立面图

g. 中前院厢房剖面图　　　　h. 中后院厢房剖面

图 6-40　中院（二）

i. 中后院正房

j. 中后院二层楼梯

图6-40 中院(三)

k. 中后院二层外廊

l. 中后院过厅背面

后中院正房及南北两厢均为两层,正房面阔三间,南北厢房皆为五间,屋顶均为六架卷棚顶,室内彻上露明造。后中院正房一层系董氏"祖先堂",门窗雕饰极为精美,门扇中间刻有三交六碗菱花,上下裙板处雕刻有繁多的木雕图案,刻画神态逼真,栩栩如生(图6-41)。

图6-41 后中院(一)

a. 中后院正房大门

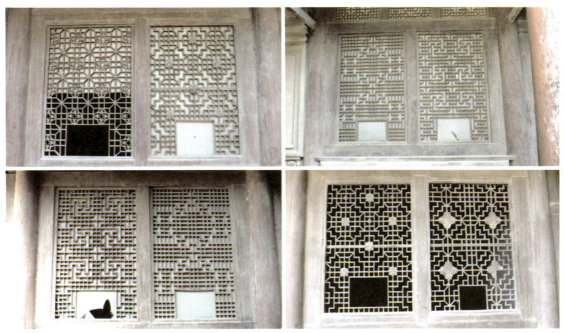

b. 样式丰富的窗棂

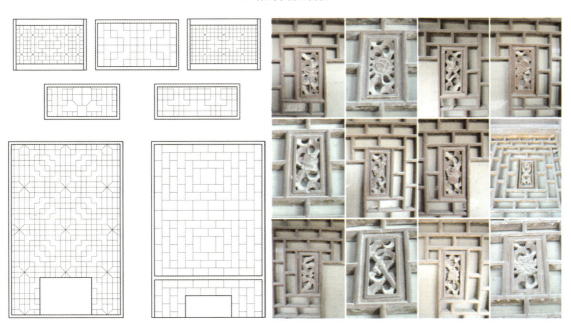

c. 窗棂样式

d. 木雕"暗八仙"窗花细部

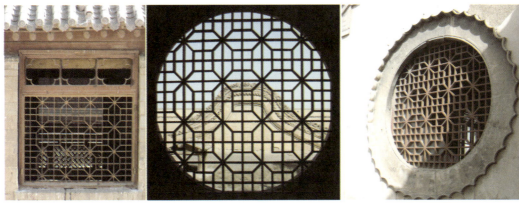

e. 形态多样的窗洞

图6-41
后中院（二）

南北两院空间划分与中院类似，分为前、后两部分，其大门都位于前院东侧。前院倒座均为三开间，前后两院均有过厅相连，南北厢房为对称布置，正房与厢房均为无瓦平屋顶（图6-42）。

图6-42 南北院

a. 南前院过厅

b. 南北院过厅正立面图

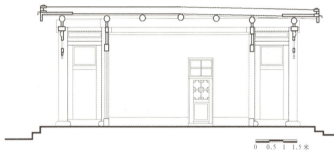

c. 南北院过厅剖面图

d. 南前院北厢房

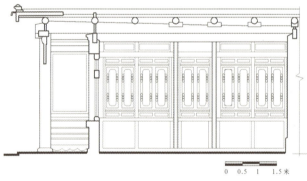

e. 南北院厢房剖面

f. 南后院正房

   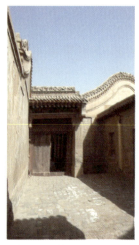

g. 中后院与南后院天井院过道　　h. 南后院对外出口　　i. 内院入口照壁北侧门　　j. 南前院与中前院过道北侧门

董府建筑体量主次分明，重点突出，形象统一。例如中院中轴线房屋及南北上房为卷棚坡顶瓦房，而其余房屋尽为宁夏地区传统的草泥平屋顶，又如后中院建筑物采用两层，其他皆为一层，均体现了"居中为尊"的传统建筑礼制思想（图6-43a～图6-43c）。董府建筑装饰及砖雕木雕图案精美、造型丰富，大多采用花、鸟、卷云等寓意吉祥的图案（图6-43d～图6-43i）。

董府建筑群已列为全国重点文物保护单位，是宁夏民居的经典。研究它有助于我们揭示宁夏

图6-43 建筑布局及装饰（一）

a. 传统礼制观念下的建筑布局

b. 传统礼制观念下的建筑布局

c. 董府内院西墙

d. 大门入口照壁装饰

e. 檐廊侧墙装饰

f. 中院过庭屋脊装饰

176　西北民居

g. 屋脊装饰

图 6-43　建筑布局及装饰（二）

h. 木雕装饰　　　　　　　　　　　　　i. 侧墙基础砖雕装饰

吴忠地区一百年前社会资源、经济以及工匠技艺、审美情趣等诸多信息，也为当今地域建筑创作提供有价值的参考。

二、吴忠市马月坡故居

马月坡寨子是吴忠知名回族商人马月坡私宅，建于20世纪20年代，距今已有80多年的历史。寨子原占地8100平方米，由护寨河、寨墙和三所院落组成。马月坡寨子是宁夏目前唯一幸存下来的回族传统经典民居建筑。

马月坡寨子，整个建筑坐北朝南，土木结构，呈长方形，东西长78米，南北长93米，占地7254平方米。四周用黄土夯筑高大寨墙，高7.5米，墙基宽3.6米，建有角亭。墙外环以护寨壕沟，南寨墙正中开寨门。寨内建筑布局分前后两院，前院占地约4500平方米，空旷似广场，空旷的前院满足当年生意繁忙时的车马驼队临时安置。前院东西两边建驼马棚厩，东南角设上寨墙的台阶式马道。后院又分东、中、西三院，地坪高于前院1.2米，三个院落一字排开，均为一正两厢格局，共有房屋60多间。

现存建筑仅是原有马月坡三宅院的西院部

分，占地约440平方米。建筑平面中轴对称，由正房和东西两厢组成典型三合院布局（图6-44）。

正房（也称上房）坐北朝南，面阔七间，平屋顶，砖木结构。中间三间开间较大，且前墙退后1.5米形成前廊，木装修精美，为接见宾客时使用，同时也显示出主人的地位，"居中为尊"这种中国传统建筑礼制在这里也表现出来。左右两侧耳房为套间形制，各占两开间，分别作书房和卧室之用，其窗户造型为上圆拱式样。东耳房后面设置沐浴室，有通道与西耳房相连，是满足穆斯林家庭礼拜的特有空间形式（图6-45）。

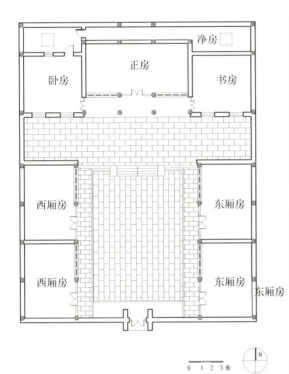
a. 建筑平面图

b. 后建院门

c. 院落空间

图6-44 宅院

a. 正房

图6-45 正房（一）

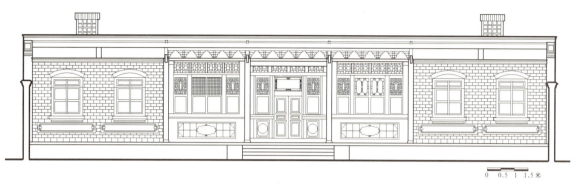

b. 正房正立面图

c. 正房

d. 正房

e. 正房室内

f. 卧房室内

图 6-45 正房（二）

　　两侧厢房面阔五间（现仅保存四间），平屋顶，采用木框架结构体系，先用木质的立柱、横梁构成房屋的骨架，后在梁下砌以土坯墙。该厢房的檐廊结构处理巧妙，在屋檐下的雀替与吊柱后面加了类似于如意的斜向支撑，用以保护结构的完整性。运用挑梁减柱法，巧妙地运用三角支撑原理，既实现了力的传承，又节省了立柱，空间更显宽敞、通透，可谓一举三得，堪称回族民居建筑设计的精华。它代替了汉族传统民居中的檐柱，也是回族民居中很有特色的结构兼装饰构件（图 6-46）。

第六章　宁夏回族自治区民居　　179

a. 东西厢房

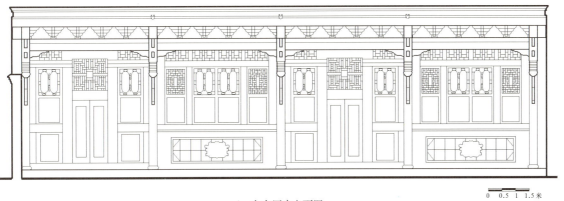

b. 左右厢房立面图

c. 厢房檐廊一

d. 厢房檐廊二

e. 挑梁减柱檐廊结构

图 6-46　厢房

从现存的马月坡院落可以看出回族民居的装饰特征。上房和厢房,正面为传统的立木前墙,双开扇刻花板门,"回"字格宽大棱窗,窗台下饰长方形雕刻,主要雕有馨、剑等图案。封檐板及门窗均为木雕装饰。雕刻图案题材有五"福"捧寿、梅、兰、竹、菊等,云板、横梁、挡板等构件皆为雕花,雕刻内容完全不同。砖雕木刻都保持本身的青灰色和原木色,不施彩绘和油漆,体现了回族人民喜爱淡雅清静,崇尚自然天成的精神理念(图6-47)。

马月坡从事农、工、商活动时期,正是社会风云变化的年代,其个人经历反映了当时社会的政治、经济、民族、宗教状况。他的私宅反映了当时劳动人民的聪明才智、建筑水平、装饰艺术,

b. 门窗装饰一

a. 屋檐装饰

c. 门窗装饰二

图6-47 装饰(一)

d. 厢房屋檐如意撑

e. 厢房屋檐木雕装饰

f. 正房墙面装饰

图 6-47
装饰（二）

体现了回族民居建筑的布局、造型、结构、材料、装饰艺术、民族风格等，是不可多得的实物资料。

三、普通民居实例

（一）海原县李俊乡红星村马宅

李俊乡位于海原县南部，距海城镇 41 千米，辖 9 个行政村，六盘山西麓，干旱少雨。红星村为坡地型聚落，房屋与等高线平行，外部形态呈外凸发散状。村庄院落多为三合院，上房与厢房均三开间，大多数人家都在院落东南角建一高房子以构成院落的制高点，丰富院落天际轮廓线。

马宅为三合院布局，坐北朝南。高房子位于马宅东南角，占地约 54 平方米，近似长方形，两层楼建筑，高约 4.5 米。建筑先在底层箍两间土窑，外砌砖围护，用作储存粮食或麦草；然后在箍窑上建一层砖瓦房，土木结构，夯土墙承重，外部用红砖包砌，防潮又美观。采用硬山搁檩式结构，两面流水型屋顶，板瓦铺面，这种结构形式俗称"窑上房"。高房子坐东向西，在南、东、西三面侧墙开窗。原先居住，现用以储存杂物（图 6-48）。

a. 马宅外景

b. 入口大门

图 6-48
马宅（一）

图6-48 马宅（二）

c. 马宅院落

d. 宅院正房

e. 宅院东厢房

f. 马宅高房子一

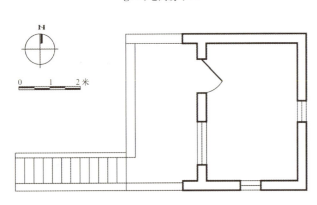
g. 马宅高房子二

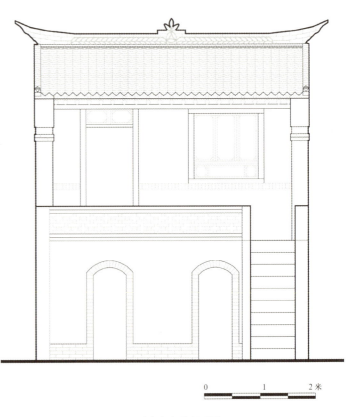

h. 高房子平面图

i. 马宅高房子立面图

（二）海原县九彩乡九彩坪上村穆宅

九彩乡位于中卫市海原县寺口子北山西麓，境内梁峁残塬，自然条件艰苦，年均降雨量367毫米。九彩坪是坡地型回族聚落，村落规模庞大，因地势分为上村和下村。上村，地势较平坦，住户少，多为三合院形制，院前有耕地，因此每户间距大，村落结构松散。

穆宅占地约23米×22米，近似正方形，水窖位于宅院外西侧。四周夯土墙围护，墙体厚300厘米，高2.6米，上下有收分。该院坐北向南，三合院形制，正房、大门坐落在中轴线上，马厩、羊圈和厢房、杂物间绕庭院绿地左右对称分布。西南角建有高房子，原为念经礼拜用，现存放麦草。正房为西海固地区常见的三开间平面形式，并用"三间两所"的基本模式，将三间房屋的构架分为一大一小两间居室。东侧厢房也采取同样空间处理手法，只是在中间加入轻质隔断将厨房和居室分开，沐浴间设在居室内，结合厨房一角设渗水井。东北阴角设有两间低矮的杂物间。正房、厢房皆设火炕，起居空间大，厨房中间设有火塘，利于取暖。

房屋建筑采用硬山搁檩的结构，夯土墙承重，屋顶铺设板瓦，基座和墙柱外砌红砖用以防水，为了美观，厢房、正房、高房子向阳墙面和大门用红砖包砌。室内白灰抹墙，简洁明亮，屋顶用轻质材料吊顶，利用空气层隔湿保暖（图6-49）。

（三）中卫市海原县西安乡西洼村姚宅

姚宅位于海原县西安乡西洼村，周围环境多为梁峁残塬地带，其间丘陵起伏，植被稀疏，水土流失严重。多年来年均降水量286毫米，水资源极度匮乏。当地民居普遍为生土建房，屋顶多采用平顶及单坡顶。受特殊的地理环境影响，房屋多为独立式窑洞，做到尽可能地节约木材的使用。受当地传统畜牧业的影响，院内一般具有羊圈、鸡圈等生产空间，院落空间占地较大，村落结构松散。

姚宅紧邻公路，受周围道路的影响，院落大门与正房轴线为东西方向，非传统观念下的南北

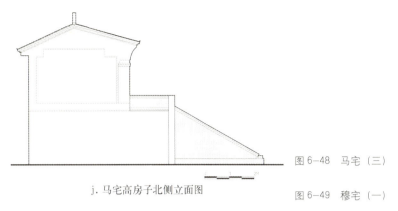

j. 马宅高房子北侧立面图

图6-48 马宅（三）

图6-49 穆宅（一）

a. 穆宅院落外观

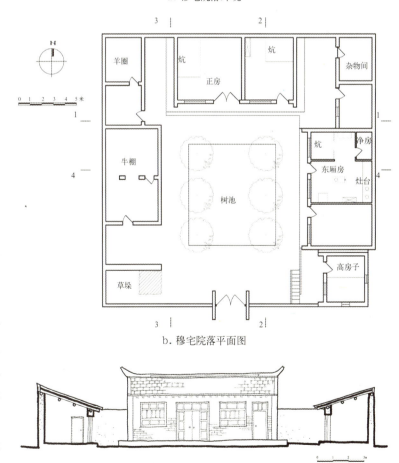

b. 穆宅院落平面图

c.1-1 剖面

184　西　北　民　居

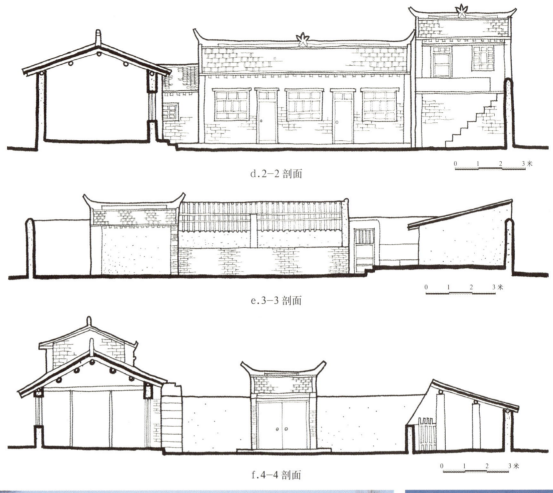

d. 2-2 剖面

e. 3-3 剖面

f. 4-4 剖面

g. 院落正面

h. 大门

i. 穆宅正房

j. 院内东厢房

图6-49　穆宅（二）

k. 院内东厢房

l. 高房子　　　　　　　　　　　　m. 室内

n. 室内　　　　　　o. 室内　　　　　　p. 礼拜前使用的净房

图 6-49　穆宅（三）

q. 院落西侧生土外墙

r. 院内农业生产空间

图 6-49 穆宅（四）

布局。该宅占地 22 米 ×21 米，近正方形院落。院内有正房、主人房、老人房及羊圈、储粮间等生活生产用房。西侧正房为独立式窑洞，进深 2.9 米，连排面宽 17 米，由于正房非南北朝向，该房主要作杂物间及厨房使用。北侧为主人房，房屋结构为硬山搁檩式墙体承重结构，单坡土坯房，两开间，进深 3.2 米，面宽 8.6 米。南侧为老人房，旁边西南角处为羊圈。院落中间有 7 米 ×6.5 米近正方形树池，树池东侧为地窖，可保持恒温用来储藏蔬菜等食品。房屋整体为土坯生土建筑，很少装饰，粗犷质朴，体现了当地特殊地域环境下的房屋建筑特点（图 6-50）。

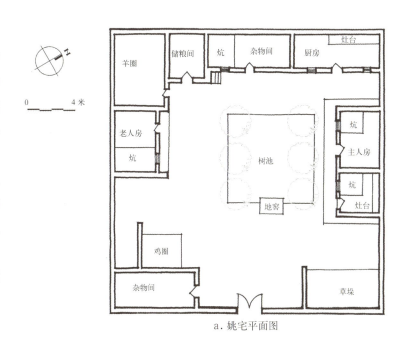

a. 姚宅平面图

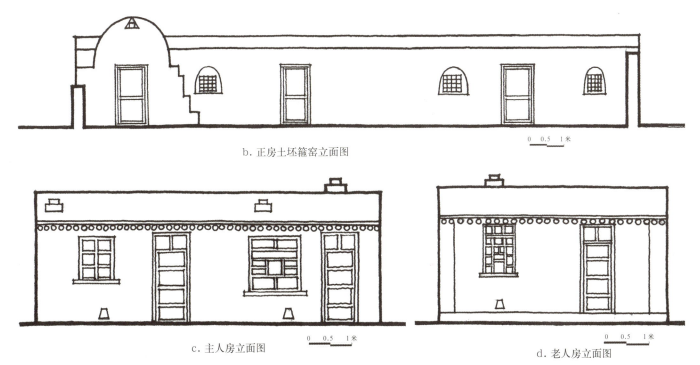

b. 正房土坯箍窑立面图

c. 主人房立面图　　　　d. 老人房立面图

e. 内院

f. 主人房

图 6-50　姚宅（一）

图 6-50 姚宅（二）

g. 正房独立式窑洞

h. 老人房

i. 室内

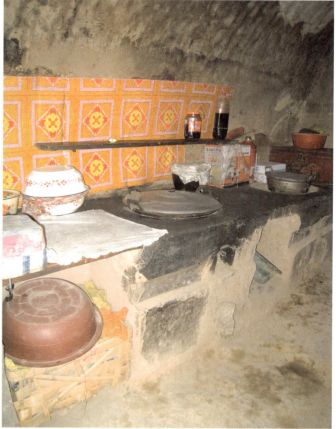

j. 正房独立式窑洞内灶台

k. 羊圈

l. 院落

m. 正房独立式窑洞外墙

图 6-50 姚宅（三）

第六节 结语

宁夏民居地域特征影响因素众多，但其中最直接和最有影响力的应属生态环境与民族宗教信仰两方面。正是这两种因素相互融合、作用，从而激发、诞生了适应性的居住类型及建筑技术体系，奠定了宁夏建筑特有的"生存基因"。

面对复杂的地理地形条件、匮乏的建材资源条件，宁夏传统民居普遍采用以"土"为主的建筑形式，其种类多样、手法灵活，创造了与之相适应的结构类型、空间形态，充分展现出传统生土建筑的强大的环境适应能力。在这一物质平台上，形态各异的民居建筑与回族文化习俗相结合，更加呈现出宁夏民居丰富多彩的地域特色。宁夏传统民居中蕴涵着大量"适应资源"、"适应气候"、"低成本、低能耗、低污染"等宝贵而朴素的营建思想，这是宁夏人民在适应生态脆弱地区的过程中积累下来的宝贵的生态智慧与策略，对于当今西北新农村聚落与新民居建设，均具有重要的启示意义。

第七章　甘肃民居

甘肃,古属雍州,地处黄河上游,它东接陕西,南控巴蜀、青海,西倚新疆,北扼内蒙古、宁夏,是中华传统文明的诞生源泉之一,更是古丝绸之路的咽喉之地和黄金路段(图7-1)。

甘肃地域狭长,共有14个地州市分布在各具特色的六大地形区域:陇南山地、陇东黄土高原、甘南高原、河西走廊、祁连山地和北山山地。由于各地生态环境、民族风情、生计方式、文化氛围存在着巨大的差异,因此民居也表现为多元化的整体格局。其中甘肃东部的天水民居呈现出浓郁的中原文化特色;陇东民居又与陕北民居有相似处;甘南民居以藏族民居为主体,形态特征鲜明;河西走廊地区虽然面积广阔,受气候与资源的约束,除个别经典豪宅外、大部分是生土民居。民居形态差异大是甘肃民居的显著特征。

第一节 天水民居

天水位于甘肃省东南部,地处陇中黄土高原与陇南山地的过渡地带,东以陇山为界与陕西省毗邻,南跨西秦岭与陇南地区相接,西到桦林山、天爷梁与定西地区相连,北越葫芦河中游与平凉地区接壤(图7-2)。

天水是中国文化名城,历史悠久,商品经济较为发达,传统社会中礼制观念较为强烈,并且以大地湾文化、伏羲文化、三国文化、宗教圣地而闻名。长期的文化浸润使得天水市传统民居建筑有着多民族、多宗教的印记,但是作为羲皇故里,在中规中矩、暗合风水的传统合院式布局中,频繁出现的太极、八卦符号及其传统地域风俗,显示出该地区民居建筑作为传统文化发祥地,与

图7-1
甘肃省在全国区位图

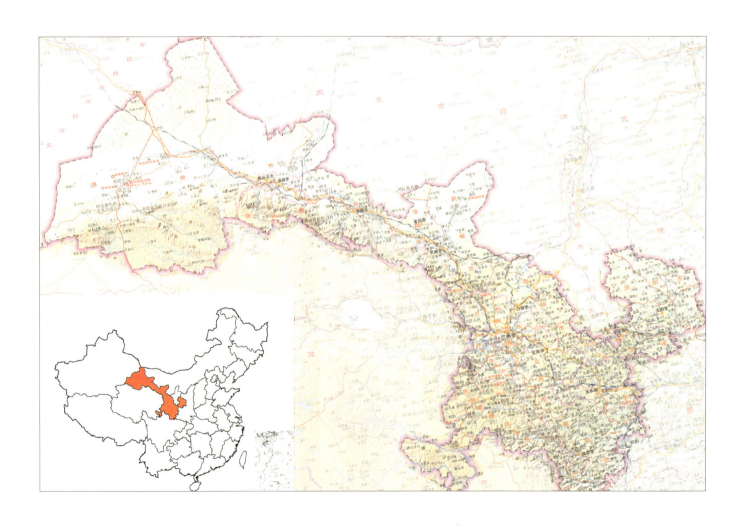

省内其他区域民居建筑有着巨大而明显的区别。

一、院落空间类型

天水传统民居建筑的布局方式主要采用合院式，即由若干单体建筑和围廊组合而成的三合院以及四合院，其中四合院应用最广泛，并以此为基础，衍生出多种院落空间布局形式。

（一）基本型

基本型是四合院的原始形态，因为只有一进院落，也即所谓的"独院式"。四合院通常由正房、倒座和东西厢房围合而成，基本满足日常的生活所需，具有明显的中轴对称关系，其空间结构简单明确，但功能全面（图7-3、图7-4）。

（二）串联型

串联型布局是天水四合院最为常见的布局方式，其特点是沿轴线纵向扩展院落（图7-5），通过各院落的形状和尺度变化体现建筑空间的主次和儒家文化森严的等级制度，营造出"庭院深

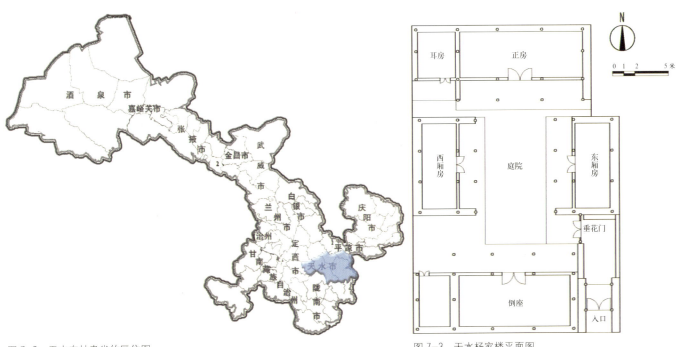

图7-2 天水在甘肃省的区位图　　　　图7-3 天水杨家楼平面图

图7-4 基本四合院照片

深深几许"的空间效果。（图7-6）

（三）并联型

并联型布局是指在串联式布局不满足使用需求的时候，将四合院沿开间方向扩展。天水民居纯住宅式的四合院中，经常将两个小型院落横向并联组合在一起，两个院落使用共同的出入口，进入大门后，迎面砖雕照壁左右两侧对称布置两个院落的院门（图7-7）。

二、民居建筑形态特点

（一）平面形式

民居建筑的平面基本分为三类：

1. "锁子厅"式

锁子厅的形式在天水民居中采用的比较普遍。具体做法是，前檐墙在明间向内凹进一步梁架，建筑的平面形式呈老式锁的样子，因此俗称

图7-6 哈瑞故居

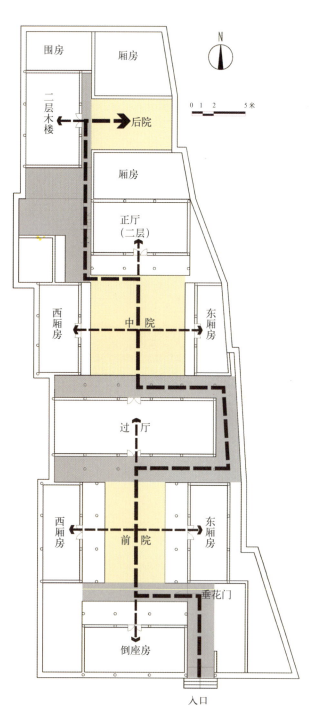

图7-5 哈瑞故居平面图

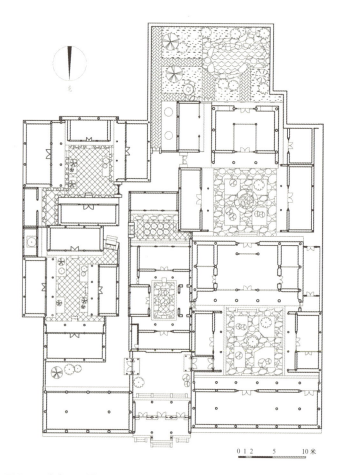

图7-7 南宅子平面图

为"锁子厅"。天水地区一般只将处在中轴线上的正厅的这种建筑形式叫锁子厅,如张氏宅院、冯国瑞故居第二进院落正厅。这种平面处理形式在甘肃临夏回族民居中也使用得较多,当地人称"虎抱头"(图7-8)。

2. 檐廊式

即房屋前设有通长的前廊。这种形制在天水被运用得最普遍、最广泛,是天水普通传统民居的一大特点(图7-9)。

3. 挑檐式

房前仅有挑檐而无廊(图7-10)。

(二)功能布局及室内陈设

无论三合院或四合院,当朝向坐北朝南时,院门通常位于院子东南角。北房为正房,由父母或长辈居住,有的用作供奉祖先排位和画像。晚辈住东西厢房,倒座房用作客房或仆人居住的房间。正房与厢房之间的耳房用作厨房和杂物房。正房是会客空间,多为一明两暗式。在明间中心偏后位置,正对屋门设太师壁,太师壁上挂堂幅,上部配横额,两侧为对联。壁前设几案,两侧置太师椅。几案上放置妆镜和宝瓶,有些摆放祖宗的画像和焚香炉。厅房进深方向还分布摆放两椅一几,呈对称形式。次间置火炕、书柜和蝴蝶柜,火炕上有炕柜。室内家具多布置在正厅房的明间(图7-11)。

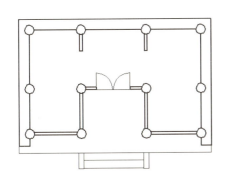
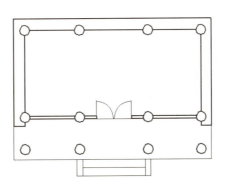
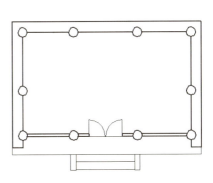

图7-8 锁子厅　　　　　　　　　图7-9 檐廊式　　　　　　　　　图7-10 挑檐式

a. 正房室内

b. 厢房室内

c. 倒座室内

图 7-11
天水民居室内（一）

d. 书房室内

e. 厨房室内

图 7-11
天水民居室内（二）

三、民居建筑组成部分

典型的天水四合院建筑由大门、影壁、垂花门、倒座、正房、耳房、左右厢房以及檐廊组成，各个部分均具有浓郁的地方特色。

（一）大门

大门不仅是传统合院民居由室外向室内过渡空间转换的重要节点，而且也很大程度上代表了户主的身份地位，天水民居大门大多风格比较内敛、朴实。大门按构造、造型的不同，可以分为屋宇式和墙垣式两种。

1. 屋宇式

屋宇式大门即利用房屋（通常为倒座）一个或数个开间做门，构造上与房屋大体相同。多为六柱三檩式，南宅子与北京四合院大门普通做法相同，为六柱五檩，这与主人胡来缙曾于北京做官有关。屋宇式大门在天水传统民居建筑中比较常见，主要原因是，天水历史上战事频繁，兵灾匪患较多，倒座后墙质朴、坚固，不易招来匪徒的窥探（图 7-12、图 7-13）。

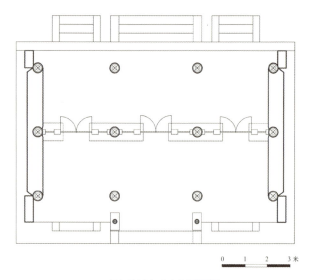
a. 南宅子屋宇式大门平面图

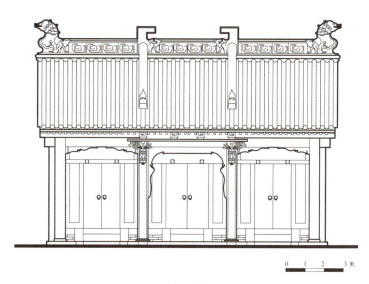
b. 南宅子屋宇式大门立面图

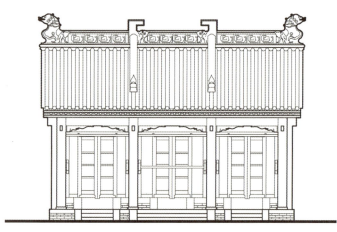
c. 南宅子屋宇式大门背立面图

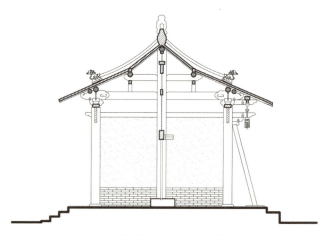
d. 南宅子屋宇式大门剖面图

图 7-12 屋宇式大门测绘图

图 7-13 屋宇式大门外观

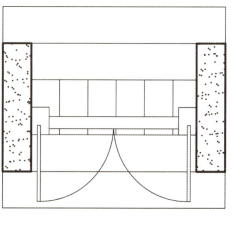

a. 墙垣式大门平面图

图 7-14 墙垣式大门测绘图（一）

2. 墙垣式

墙垣式大门即直接在院墙上开门的一种大门形式，规格较前一种要低，一般用于较小、较简陋的宅院中（图7-14、图7-15）。

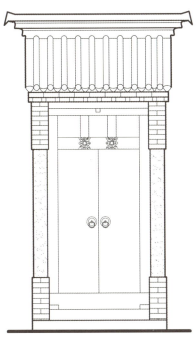 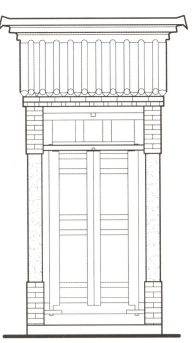 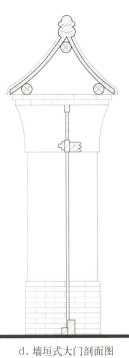

b. 墙垣式大门正立面图　　c. 墙垣式大门背立面图　　d. 墙垣式大门剖面图

图 7-14　墙垣式大门测绘图（二）

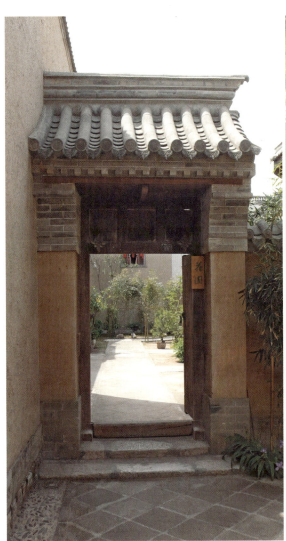 

图 7-15　墙垣式大门外观

图7-16 门外影壁

(二) 影壁

天水影壁一般由壁顶、壁身和壁座三部分组成。壁顶多采用硬山顶，壁心多采用硬心的做法，壁座与壁身同宽，高度为壁身的1/4～1/3。影壁起到空间序列中"引"的作用，与门楼一起构成空间有序转换的入口节点，构成一小天井空间，这种入口小天井是天水传统民居融合南北方民居特色的重要体现（图7-16）。

(三) 垂花门

天水垂花门普遍位置都是在厢房与倒座的连接处，门均为双坡悬山顶，不同于北京垂花门以一殿一卷或单卷棚式为主。形制小巧的天水垂花门是木雕装饰的主要地方，精致剔透的雕饰不仅透出天水民居秀雅的南方气质，同时也显示出天水人对待财富内敛的表达方式。正是这对矛盾使得体量精小的天水垂花门常常会因为沉重的装饰，使纤细的梁柱结构显得失稳，因此，在天水某些垂花门上出现了两对支撑门楼平衡的特殊构件，即戗柱和插花，这种构件即增加了垂花门的稳定性，也构成了天水民居大门的独特装饰（图7-17、图7-18）。

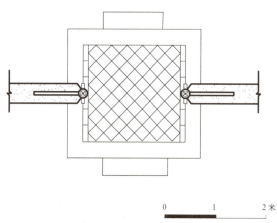

a. 天水垂花门平面图

图7-17 天水垂花门测绘图

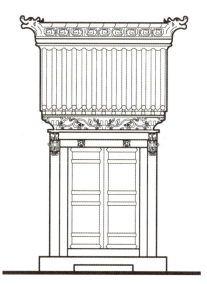

b. 天水垂花门立面图

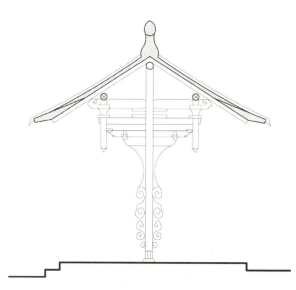

c. 天水垂花门剖面图

第七章 甘肃民居　201

图 7-18
天水垂花门

(四) 正房、耳房、厢房

天水民居正房通常以三开间为主，"一明两暗"式，使用功能与北京四合院相同，为长辈住所。正房坐北朝南，体现了长幼尊卑的等级观念。

明代天水民居尚无耳房，及至清代中后期，将五开间的正厅房两侧梢间变成耳房。耳房在平面上向后退，开间、进深比正厅房小，台阶比正厅房低，建筑体量较为低矮，与正房的关系就如同面部两侧的双耳，故称耳房。多层建筑中，通常在耳房的位置布置楼梯，使耳房一侧是过道，另一侧是楼梯。二楼的层高小于一层，楼上住人。耳房主要用作交通功能，所以开间不大，最大在3米左右。

厢房是除长辈外成员家庭的休息空间，私密性较强。面宽三开间，多为三间带前檐廊，"一明两暗"式，单坡顶，山墙多用作影壁（图7-19、图7-20）。

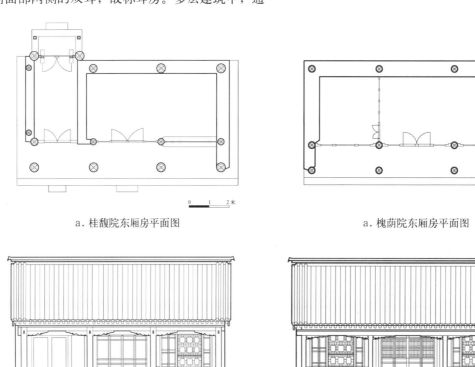

a. 桂馥院东厢房平面图　　　　　　a. 槐荫院东厢房平面图

b. 桂馥院东厢房立面图　　　　　　b. 槐荫院东厢房立面图

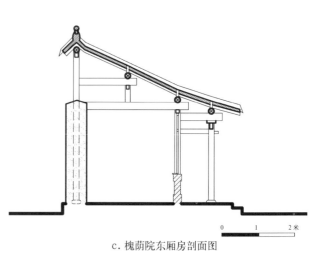

c. 桂馥院东厢房剖面图　　　　　　c. 槐荫院东厢房剖面图

图 7-19　桂馥院东厢房测绘图　　　图 7-20　槐荫院东厢房测绘图

图 7-21 檐廊

（五）檐廊

天水民居檐廊的使用非常之普遍。这种半开敞的过渡空间，使人们身处室内时，能感受到的室内空间的延续；而当身处开敞的院落时，则会认为柱廊拓展了院落空间，极大地丰富了空间的层次。以南宅子为例，主体建筑面向院落方向均带前廊，廊道宽度随建筑的主次变化而各有不同。宽度少则1.5米左右，大则2.5米，是院落空间的重要组成部分（图7-21）。

四、天水民居实例

（一）杨家楼（图7-22、图7-23）

（二）南宅子

天水南宅子始建于明万历年间，为明代山西按察司副使胡来缙居所。建筑较为完整地保存了从明到清民居古建筑的格局和风貌，是研究我国西北地区明清古建民居的重要实例，具有极高的

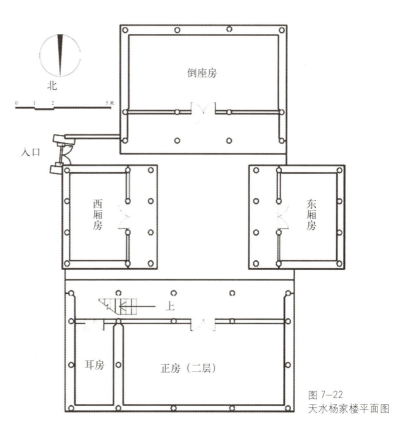

图 7-22 天水杨家楼平面图

204　西　北　民　居

a. 大门入口

b. 院内景观

c. 二楼走廊

d. 正房立面

e. 厢房立面

f. 主院正房木雕

图 7-23
杨家楼院落

文化价值。罗哲文先生在《中国古代建筑》中曾评价它："是甘肃省唯一的也是全国罕见的具有典型明代建筑风格的古民居建筑宅院群"。

1. 院落格局

南宅子以南北为纵轴，并列三组院落。由东至西分别为主院，次院以及附属院落，功能明确。主院为主人祭祀、生活起居场所；次院为读书习文、休闲娱乐场所；附属院落则是堆放杂物和仆人居住的地方（图7-24）。

南宅子大门位于院落平面中间，面阔三间，宽约8.5米，进深约5米。门内为一小天井，小天井正面是影壁墙，东西各设一道垂花门，分别为主院和杂院入口。

主院前院又名桂馥院，南正厅五开间，明间和两次间是会见重要客人的场所，两侧稍间分别用墙隔开，为主人或年长者居住；倒座六开间；东西厢房各三开间，晚辈居住之所，其中垂花门入口占据东厢房一个开间。桂馥院院落宽为8米，长约为10米，平面呈矩形。第二进院落——槐荫院的正房与东西厢房均为三开间，正房为祭祀祖先之地，两侧厢房为小姐闺房。正房东侧为厨房，与正房由不足1米的通道相隔，穿过厨房北面的门道即可进入附属院落。槐荫院院落长宽均为10米，平面呈方形。后花园为东西长约17米，南北宽约10米的矩形空间，设假山、流水，颇有情调（图7-25）。

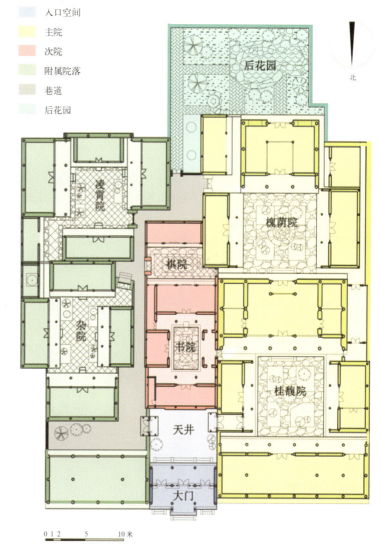

a. 桂馥院

b. 槐荫院

c. 可同时通往槐荫院与后花园的天井院

图7-24 南宅子院落总平面图

图7-25 主院景观

次院的第一进院落为书院,包括正厅、倒座、过门及佛堂,均面阔三间。穿过书院正房即到棋院,棋院正房三开间。院落呈扁长形,南北 3.8 米,东西长约 9 米,因其属从属地位,院落形状并不像其他院落成南北长,东西短的矩形或正方形,而是与之相反的南北短,东西长的形制(图 7-26)。

附属院落与主院、次院并不直接相连,而是由大门东侧垂花门进入,与次院之间有一条巷道相隔,巷道宽约 1.5 米。第一进院落为杂院,主要为堆放杂物所用。院落南北长 7.6 米,东西宽 4.8 米。杂院与南面的凌霄院不相连,出了杂院沿巷道继续向南进入凌霄院。凌霄院主要为仆人居住场所,南北长 10.5 米,东西宽 7.3 米(图 7-27)。

a. 书院

b. 棋院

图 7-26 次院景观

图 7-27 甬道将次院与附属院落连接

2. 空间特征

"南宅子"的空间层次多样、变化细腻，更多采用空间的大小变化、虚实变化以及复合多变的空间转折来营造不同的空间，给人以不一样的空间感受，颇有江南园林的造园之趣。如一进大门，入口的天井为空间转折处，东侧是狭窄的甬道，西侧则是开阔的庭院，尺度不一，空间感受也完全不同（图7-28）。

再如，主院与次院相邻，尺度大小却差异很大，前者几乎是后者的两倍。通过尺度的不同，营造或开敞、或幽静的空间（图7-29）。

在虚与实的处理上，采用柱廊作为室内外空间的过渡，这种半开敞的灰空间，避免了墙面与院落的直接对峙，使得实在的墙面与清透的自然花木的过渡更加婉转、自然，极大丰富了空间层次。

"南宅子"院落较多，相应院落间的转折过渡也较多，在空间的过渡多采用先抑后扬、藏与露和引导暗示等艺术处理手法。入口处的小天井为过渡空间，开间稍小，形成"抑"的空间，穿过更小的垂花门，到桂馥院就有"豁然开朗"之感。

从桂馥院转到书院，仅容一人身宽的双重小门将空间压抑到了极致，进入院内并不像进入到桂馥院的开敞，而是采用"藏与露"的手法营造较幽静的环境。进门并不能直接看到对面的佛堂，要穿过作为过渡的穿廊，透过院内种植的竹林缝隙才依稀可见，短短五六米距离竟有三道层次，增添了佛堂的神秘感和幽静感（图7-30）。

a."小"——甬道

b."大"——庭院

图7-28 庭院与甬道

a."小"——次院 　　　　　b."大"——主院

图7-29 主院、次院

图7-30 书院

a. 桂馥院通往书院的小门　　　　　　b. 空间层次丰富的书院

图7-31 木雕

3. 装饰特征

天水南宅子建筑装饰普遍集中在院内，以分割内院与入口天井的垂花门为重中之重。而院外的装饰几乎没有，建筑立面常见的墀头、柱础装饰较少出现。

南宅子以木雕和砖雕居多，石雕艺术作品很难见到，体现了天水人在选择装饰材料上因地制宜的务实性（图7-31）。

第二节　临夏回族民居

临夏回族自治州位于兰州西南150公里，市区北、西、南被临夏县环抱，东与东乡县隔河相邻，形成北塬坡、南龙山、路盘山、凤凰山诸峰耸峙合围的黄土高原带状河谷阶地（图7-32）。临夏气候属于大陆性气候，冬季最冷时达-27℃，冰冻期为7个月，夏季亦较炎热，全年雨量仅480毫米，是四季分明，冬冷夏热的气候。因此，夏季通风，冬季蓄热是临夏住宅的普遍特点，从而影响到其院落的尺度与建造措施。

临夏地狭人稠，其中以回族和汉族人口居多，而回族则多聚居在城外八坊（八坊一带最早有八个清真寺，形成了八个教坊因此得名）和西郊回族聚居区。

临夏民居以回族为主体，拥有伊斯兰文化和回族风情。在与其他民族的长期共存和文化交流中，充分融合其他民族传统的独特风格，形成了自身的多样性特征，在西北地区颇负盛名。同时，临夏民居又以砖雕装饰为突出特色，其风格朴素淡雅，制作精细娴熟，实为西部民间艺术的奇葩。

一、民居院落布局特点

临夏民居的院落类型总体分为合院式和廊院式两种。

常见的合院式民居可分为：二合院、三合院及四合院，院落大多方正、宽敞，便于通风和摄取充沛的阳光。廊院式民居属于一种古老的形式，"明清两代已基本绝迹"。

回族民居布局较之汉族民居而言，不受汉族传统风水学说和的八卦方位影响，因此每户住宅朝向并不固定，更为自由，入口也常常根据地形或使用需要布置，使得整个宅院的轴线常出现转折。典型的临夏回族宅院按功能划分为居住院（前院）、杂院（后院）及花园三进。居住院为正规的四合院，正房建有耳房，这里是主人起居、会客的场所。杂院是厨房、厕所及杂物用房所在，以实用为主，布局灵活。因回族多喜植物花卉，民居厅院内中常常栽有果树花卉，并设置花台，环境幽雅（图7-33）。

二、建筑类型及特点

临夏民居的单体建筑多为抬梁式结构，覆草泥顶或瓦顶，通常有四种类型：虎抱头、廊檐式、一出檐、钥匙头。

（1）"虎抱头"式平面是临夏回族传统民居正房最常用的一种建筑形式，其平面呈"凹"字形，即明间退后，形成单间前廊的形式（图7-34）。

（2）廊檐式是指建筑带前廊，常见于大型宅邸中（图7-35）。

（3）一出檐指建筑前不带前檐廊（图7-36）。

（4）钥匙头指四合院正房两侧的耳房形式（图7-37）。

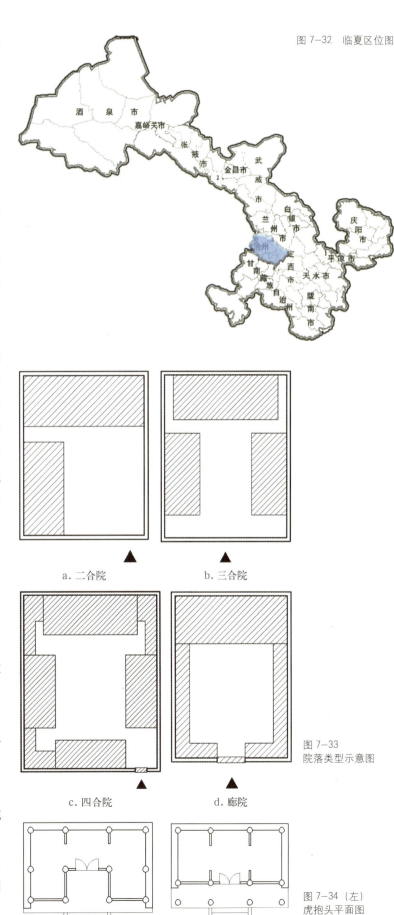

图7-32 临夏区位图

图7-33 院落类型示意图
a. 二合院
b. 三合院
c. 四合院
d. 廊院

图7-34（左）虎抱头平面图
图7-35（右）廊檐式平面图

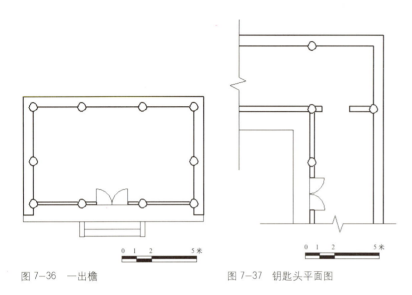

图 7-36　一出檐　　　　图 7-37　钥匙头平面图

三、砖雕装饰艺术

临夏古称河州，地处甘肃省西南部，为古丝绸之路的南道重镇。临夏历史悠久，文化发达，民间艺术丰富多彩。临夏是西北回族聚居区之一，受宗教习俗的影响，其建筑功能构成、外观形态都与其他地区回族民居没有大的差异，唯有砖雕成为临夏最富特色的建筑艺术特征。

砖雕造型既有简单、粗犷、朴素的纹样，也有细致华丽的结构，形成了自己独特的艺术风格。砖雕既有着纤细风格，又有着牢固、能耐水侵蚀的特点，所以在回族建筑中，不论是清真寺、拱北、道堂，还是民居的大门、墀头、影壁、窗下墙显眼处，都镶嵌着各种不同形式、内容的砖雕。回族砖雕装饰以其通俗的内容、生动的画面和精湛的技艺引人入胜，使宗教文化从文字形式转化为立体的视觉形式，起到了宣传教化的作用，烘托了建筑精美高雅的文化气氛。

回族砖雕风格比较古拙朴素，用刀刚劲洗炼，雄浑有力，注重整体效果。手法一般为浮雕或浅圆雕。景物前后紧贴，多借助线刻造型，但富于装饰趣味。

临夏砖雕主要装饰建筑物的山墙、影壁、券门、山花、墀头、屋脊等。为了和整体建筑的风格统一和谐，题材选择常因物设图。砖雕中多见山水、花鸟题材的独幅作品，雕刻手法继承传统的砖雕技艺，用浅浮雕、高浮雕、阴线刻的手法，表现画面中的远、中、近景，并根据需要，各种手法相互交替运用。传统的装饰图案或纹样多采用浅浮雕手法，而大幅作品正中多为主体雕刻，以传统的开光形式出现，四周配以各种装饰纹样，构成一幅立体的装饰画，极具观赏性。

尽管砖雕艺术受宋代以来的中原文化和汉族雕刻影响很深。但在题材的选择上注重草木题材，如牡丹、葡萄、荷花、石榴等。装饰形式及艺术风格上，仍然保持着典型的伊斯兰特色。例如，砖雕作品多花卉，与当地穆斯林民族的历史文化传统和日常生活情趣有着密切的关系。临夏砖雕的装饰纹样多传统的卷草纹、祥云纹、几何纹、字环纹、博古纹，用于影壁、山墙、门楣、斗栱、腰束的装饰，与主体雕刻遥相呼应，显得极有秩序感且富有变化。回族砖雕中还有一特殊现象，雕刻中均不见人物形象出现，即使是表现八仙过海这样的神话题材，也不显现真实人物，而使用暗喻的手法，以八仙使用的宝物为雕刻内容。这与伊斯兰文化中禁忌偶像崇拜有关，因为回族笃信伊斯兰教，真主独一，不崇拜任何偶像。这也是临夏回族砖雕的重要标志（图7-38）。

图 7-38　临夏砖雕（一）

图 7-38 临夏砖雕（二）

四、临夏民居实例

（一）东公馆

东公馆为新中国成立前回族军阀马步青私邸，位于临夏八坊东南角的三道桥。公馆建于20世纪20年代，原有四个院落组成，占地约11700平方米，总建筑面积为3510平方米。里面的雕刻集河州著名砖雕世家的能工巧匠，从设计到雕镂一手制成，被誉为"砖雕集锦"。马宅南临街道，原大门现已无存。进院后穿过花园行约40米，是一座中西合璧的砖砌二门。进门后迎面是一座砖雕照壁，然后向左转进入前院。前院为一近似正方形的四合院，是接待宾客的场所。由前院西北角门可进入正面为精雕照壁，其他三面环以围廊的穿堂小院。它位于前院、正院、偏院、花园的交汇处，是整个宅院的交通枢纽。不仅方便了院落间的相互联系，而且由于大小空间的对比和变化，丰富了整个宅院的情趣。

由穿堂小院的西北角门可进入正院。正院是主人家眷居住的场所。上房是三层楼房，这在八坊回族民居中是独一无二的。上房两侧为二层的东、西耳房，称东、西暖阁。经穿堂小院的西北角门可进入偏院。偏院与正房相毗连，大小也与正院相仿，建筑全为平顶房，是亲属居住的地方。偏院西南角另有侧门，可直接对外而不必经过前院。偏院西侧原来还有一杂院，为厨房、库房和佣人住所，详情现已难以查证（图7-39）。

东公馆的建筑风格带有近代殖民风格的影响，其院落布局是上述典型的回族院落空间序列，院落总体上虽然采用了中轴对称的手法，但入口处空间序列多次转折，轴线先是由东西向，后转折成南北向，继而再是由东向西的主轴方向。大门的开设也与汉族尊崇风水置于"东南角"不同，而是面东而开，表达了回族以西为尊的宗教习俗（图7-40）。

如上所述，东公馆的主要空间是由前院、主院和偏院构成，但是如果按照传统的轴线序列布局，难免会造成平面交通流线上的不便，因此东公馆的设计匠心独具，特将房屋的主轴线设计成"L"形，并通过一个围廊小院将其三者联系，从平面图中明显可以看到设计过的使用流线较之传统空间流线的优势所在。

图7-39
东公馆测绘图

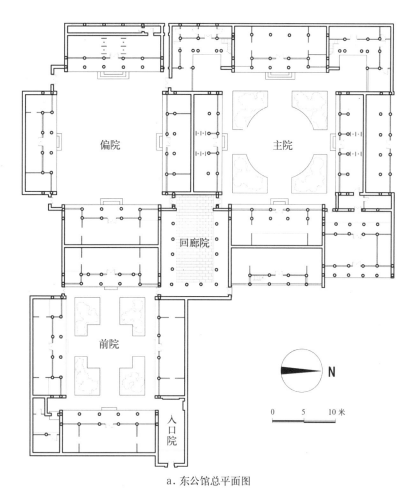

a. 东公馆总平面图

b. 东公馆剖面图

a. 东公馆入口

b. 东公馆入口照壁

c. 东公馆主院正房三层檐廊建筑

d. 东公馆主院正房三层檐廊建筑空间

e. 东公馆前院正房

f. 东公馆围廊院

g. 正房三层檐廊建筑细部

h. 东公馆主院鸟瞰

图 7-40　东公馆照片（一）

i. 东公馆围廊院大照壁　　　　　　　j. 东公馆一层檐廊砖雕

k. 东公馆一层檐廊砖雕　　　l. 东公馆三层檐廊砖雕　　　m. 东公馆三层檐廊砖雕

图 7-40
东公馆照片（二）

第七章 甘肃民居

图 7-41 双瓶门楣砖雕附图

东公馆内，每处空间转折不仅尺度宜人，而且在装饰上匠心独运。在围廊院与主院、偏院联系的过门上有一造型独特的双瓶门楣。以仿景泰蓝外形特征的双瓶作为门柱，瓶中盛开的牡丹相交组成典型的伊斯兰风格圆拱造型。整幅作品在立意、表现手法上均属罕见，是回族砖雕艺术的创新之作，给人以典雅、华贵之感（图7-41）。

（二）白宅

白宅位于临夏八坊王寺街内，原是一组规模较大的回族民居，由两个院落并列构成。两个院落坐西朝东并排布置，总出入口开在断头巷的尽端，由大门、二门两道组成，进入二门后，迎面为砖雕照壁，左右两侧对称布置着两个院落的院门（图7-42）。

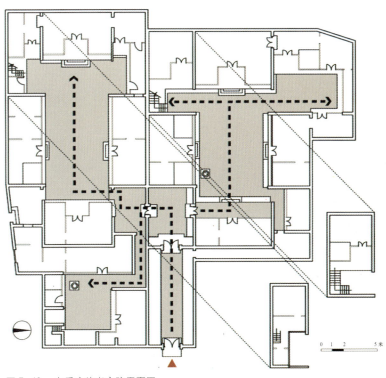

图 7-42 白氏家族老宅院平面图

现在经过改造的白宅民居是主人白彦平及其父亲和子女的家。白家世代经商，十分注重民族文化的传承，住宅的改建基本保持了原有建筑风貌。改造后的白宅保留了原院落南边的合院（图7-43），正门开在南边巷道，门楼高畅，一进大门的是砖雕精美的照壁，院墙、照壁和厢房的侧墙，在院落入口处围合出一个精致的入口空间，墙面均布满砖雕，十分雅致，向西左转是入口空间，进入主院，主人在此特意设计了一个拱门作为空间的转折过渡（图7-44）。回族群众喜爱干净，在做礼拜前都要进行"小净"或"大净"，所以整座院落上下共设有4个卫生间，这也成为回族民居与汉族民居的显著区别之一。

主院落遍种花草加上白墙，油漆的外装修显得淡雅而有格调（图7-45）。院中保留了原来房屋的形制，上房为"虎抱头"式，厢房为"一出檐"式。下房（倒座处）改造后仅留一开间敞廊面向上房，有些像戏台，成为院落的休闲空间点缀其间。同时院落的西耳房均保留原制，有二层角楼，这是白宅区别于周边回族民居的重要特征，它从功能上可以俯瞰院内的景观；从造型上看，角楼丰富了建筑群的天际线（图7-46、图7-47）。

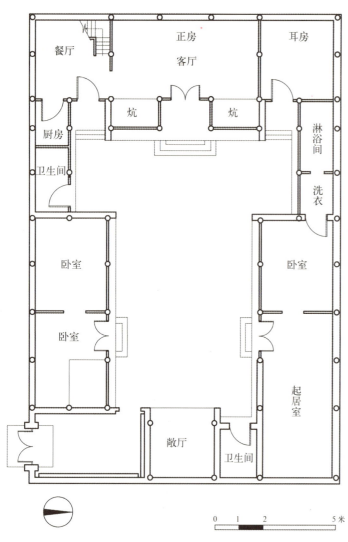

图7-43　白宅现状院落平面图

图7-44　空间转折与过渡

第七章　甘肃民居　217

a. 白宅大门

b. 白宅客厅室内

c. 白宅正房

d. 白宅院落布置

e. 白宅厢房

f. 白宅院落鸟瞰

图 7-45　院落内部

图 7-46 角楼外观　　　　　　　　图 7-47 角楼室内

白宅每座房屋两山墙前部的墀头处，也有精细、剔透的砖雕。临夏回族的砖雕，内容多为牡丹（象征富贵）、葡萄（象征多子多孙）、松树（象征长寿）、梧桐、石头等，并常常把梧桐、石头和菊花组合在一起，名曰"梧石同菊花"（谐音是五世同居）。伊斯兰教义不允许建筑装饰中有动物的形象。木雕主要集中在建筑檐下额枋、雀替和下窗等处，内容和砖雕相似（图 7-48）。

图 7-48
白宅砖雕（一）

第三节　甘南藏族民居

甘南地区指甘肃省甘南藏族自治州，简称甘南州或者甘南。它是除西藏自治区外的十个藏族自治州之一，现辖七县一市（图7-49）。

受到自然地理环境的影响，甘南地区大体表现出以下气候特征：高寒、冻土深度为0.5～1米；湿润，由于气温低，蒸发少且纬度低，云量和降水量较多；气候多变，由于海拔高，全州平均3000米，空气中水汽比较充沛，四周山岭相间，沟谷纵横，地形复杂，形成多变的气候，年平均降雨量400～800毫米。

一、传统甘南藏族聚落

甘南藏族聚落依据经济特点和人口，可以分为以牧业为主的村落，半农半牧型村落和以宗教贸易为主的集镇。其中以牧业为主的村落大多分布在临近水源、牧场，且避风防寒的山川河谷地区，并依据草场的承载力，呈现分散特征。即一村多为20～30户。而较大的藏传佛教寺院附近的村落，则会发展出规模较大的聚落，人口多在百余户以上，聚集了一些商人、手工业者、僧侣，这些服务性产业将服务向更大的区域辐射，因而扩大了集镇规模。

（一）红教寺村和洒哈尔村

位于夏河县城西侧，著名的藏传佛教寺院——拉卜楞寺的东面，聚落北倚曼达拉山（亦称凤凰山），南侧俯览大夏河，环境优美、交通便捷，民族历史文化氛围浓郁，作为安多地区重要的宗教圣地，其周围的聚落伴随着寺院的兴盛而聚集发展。其中红教寺村坐落于一个小山坳中，是典型的山地村落。村落形成年代较早，为自然形成的村落，地形条件成为村落形态的决定因素，它不仅限定了村落的规模、结构、景观效果，还限定了村落中宅院的方位、尺度、营建方式等（图7-50、图7-51）。

图7-48　白宅砖雕（二）

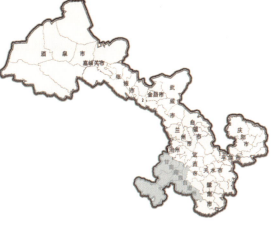

图7-49（中）
甘南地区区位图

图7-50（下）
夏河红教寺村和洒哈尔村聚落平面图

a. 红教寺村

b. 村落屋顶

c. 夯土房屋顶和烟囱

f. 村内巷道

g. 民居入口

d. 洒哈尔村民居

e. 民居

h. 民居大门

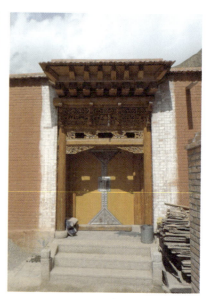
i. 民居大门

图7-51 夏河红教寺村和洒哈尔村聚落照片

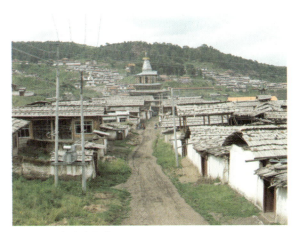

图7-52 郎木寺聚落

（二）郎木寺聚落

郎木寺是甘南藏族自治州碌曲县下辖的一个小镇。镇中有一条不足2米的小溪名叫"白龙江"，其北岸是郎木寺，南岸则属于四川若尔盖县。特殊的地理区位成就了碌曲有别于拉卜楞寺的民居形式和居住文化。

碌曲藏族有聚族而居的习惯，村寨大约于明代形成，有一个部落形成一个村寨，亦有多个部落形成一个村寨的（图7-52）。相比于拉卜楞寺，郎木寺的降雨量达到了600毫米以上，因此屋顶起坡。郎木寺所在地，气候湿润，雨量较丰富，树木茂盛，民居建筑为下部用厚实的夯土与木构架，上部在平屋顶上再架坡顶，木板条代替瓦。受气候的影响，这里民居的屋顶和甘南地区普遍的平屋顶相比有明显区别，建筑外形风格上明显受到四川民居的影响（图7-53）。建筑色彩上保留了藏族建筑特有的丰富色彩，在青山绿水环绕中更显得明亮动人（图7-54）。

二、传统民居空间与营造特点

（一）居住空间

甘南传统藏族聚落基于特定的地域环境，发展出一套特有的村落形态和建筑体系。主要表现为：

（1）院落围墙顺应道路及山势，院落形状多呈不规则的长方形；

图7-53 郎木寺建筑屋顶

图7-54 郎木寺建筑色彩对比

(2) 院落入口多与围墙或正房倾斜一个角度，既有利于院落避风防寒，又创造了入口处半私密的停留空间，促进邻里交往；

(3) 主体建筑朝向自由，多为南偏东或偏西一个角度，整个宅院多分几次建设，建筑定位根据已有建筑来确定，因而常出现平行四边形房屋；

(4) 室内陈设装饰多与墙体结合，壁柜、炕等固定家具很好地配合了不规则的室内空间；

(5) 建筑中围护墙体与承重结构分离，土坯起保温防风的作用，室内木装修起方便使用及保证热舒适性的作用，两者共同起围护作用。木结构起承重作用；

(6) 居住宅院的各功能单元分层布置，将生产、生活空间很好地隔离；

(7) 藏房的装饰深刻地体现佛教文化的内涵，建筑造型很好地配合了山地环境；

(8) 村落的巷道充分考虑到牲畜的尺度，直角转折很少，并在交叉口处放大。

(二) 营造特点

甘南地区藏族群众以半农半牧为生，建筑以合院式土坯夯土建筑为主要类型。"外不见木"、"内不见土"是其最为明显的特点之一，建筑外部为封闭的石墙或土坯墙，内部空间以木料辅以少量的泥土分隔空间（图7-55），外围土坯夯土墙与内部使用空间之间形成空气缓冲间层，居室通过佛堂空间的过渡和缓冲，保持室内的热舒适性。同时壁板分割形成壁柜，用于储存，提高空间利用率，减少室内的封闭感。在避风防寒的基础上，建筑屋顶的梁上放檩条，檩条上密排木条，其上均匀铺垫草席，最上层夯土，夯土层的土分两层做，先打底，然后用细而密的土拌合酥油，压实做屋面防水，有些地方还在其上加碎石，主要防止雨水击打和冲刷。把山坡上的土移至屋顶，筑墙或炕、灶台等固定家具，充分利用黄土的可塑性、热惰性。藏族民居的门窗（牛头窗）的做法也很有特色，门窗框边缘的墙体用黑色涂成梯形，宽约20厘米，上面用椽子挑出，形成小窗檐，既能遮阳，又能避雨，也保护了土墙边缘的转角部分，窗户为双层，内层为纸面木框，外层为木板，分季节和每日早晚不同使用。牛头窗边的黑色部分白天吸收大量的太阳能，冬季夜晚散发出的热量可以加热从窗缝进入室内的冷空气，装饰效果与实用功能完美结合，通过改善窗口的微气候来达到增加室内热舒适的目的。

(三) 甘南民居实例

盖格多岗7号院是甘南地区较为典型的藏族住宅。住宅由两进院落组成，内外功能分区明确。首进院落沿边布置五间房子，分别用作客房、座房、堆放燃料用房和杂物用房；二进院落为私密

图7-55
藏族生土建筑

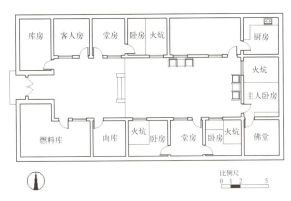
a. 盖格多岗7号院平面图

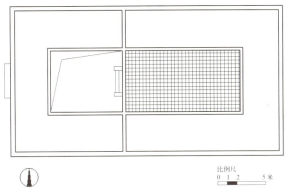
b. 盖格多岗7号院屋顶平面图

图 7-56 盖格多岗7号院

图 7-57 藏族院落内部

图 7-58 晾晒牛粪

性较强的居住空间，建筑呈三边围合形态，居中上房是家庭中长辈居住的房间，两侧东西厢房为其他家庭成员卧房（图7-56）。

建筑室内大量采用木料装修，干净、整洁和温馨。房间内靠墙设火炕，右边紧连锅灶，具有生火做饭兼热炕暖屋的作用。其燃料以牛粪为主，近年来太阳能灶、阳光间普及，既能满足冬季取暖需求又充分利用了能源（图7-57、图7-58）。

第四节 其他地区民居

一、河西走廊民居

河西走廊位于甘肃省西北部祁连山和北山之间，因为位置在黄河以西，所以叫"河西走廊"。河西走廊面积40万平方公里，位居黄土高原、青藏高原、蒙古高原和塔里木盆地几大地理单元相互联系的枢纽地带。这种特殊的地理位置使得历史上生活在这些地域以至更大区域范围内的各民族往来、迁徙、交流、争斗、融合非常频繁（图7-59）。

（一）村落形态

河西走廊由于地处欧亚大陆腹地，远离海洋，气候区划上大部分地区属温带、暖温带大陆性气候，具有光照丰富、热量较好、温差大、干燥少雨、多风沙等特征，相应发育的地带性景观为温带荒漠，发展农业全部靠灌溉。

"水"作为农业生产要素之一，成为主导聚落分布的核心要素。围绕水聚落形态多变化，出现鱼骨形、带形、梳形、团状等特定格局。村落沿人工渠道两旁分布：经营数载，渠道通畅，沿水各村，均受其益。聚落由内向外发射几条骨干巷道，内部道路纵横交错、复杂多变（图7-60、图7-61）。

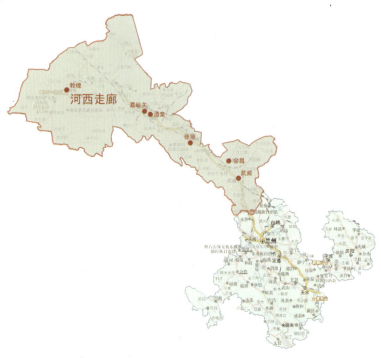

图7-59 河西走廊区位图

图7-60 聚落形态（一）

a. 乌梢岭下聚落

b. 嘉峪关聚落

c. 酒泉村庄　　　　　　　　　　d. 武威村庄

图 7-60 聚落形态（二）

（二）住宅空间形态

河西走廊的建筑形态因其所处的自然地理环境而有着特殊的要求，比如：建筑物必须充分满足防寒、保温、防冻要求，夏季部分地区应兼顾防热；聚落和建筑物的总体规划、单体设计多首先考虑防寒风与风沙，争取冬季日照；并采取减少外露面积，加强密闭性，充分利用太阳能等节能措施。

河西走廊地区民居普遍是就地取材，建筑形态简朴，但是每户人家的大门都做了精心的装饰，体现出特殊气候资源条件下，人们对美的追求，例如民勤县的民居小巷人家（图 7-62）。

河西走廊最常见的单体建筑平面形式，通常沿东、西、南三个朝向布置。这种形式的单体建

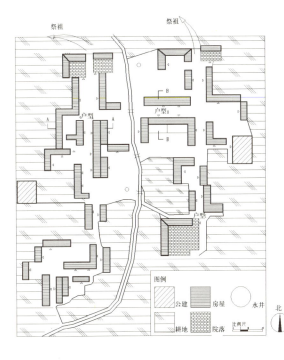

图 7-61 武威元湖村聚落形态

图 7-62 典型建筑（一）

a. 民勤小巷　　　　　　　　　　b. 民勤民居大门

226　西北民居

图 7-62 典型建筑（二）

c. 民勤民居大门　　d. 民勤民居大门　　e. 民勤民居大门

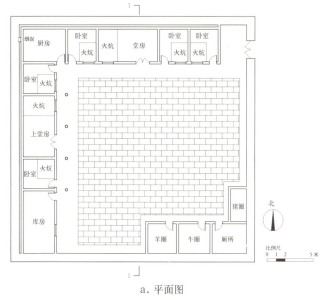

图 7-63 河西走廊典型民居院落平面图

a. 平面图

b. 测绘图

筑容易形成并排连接、面对面和背对背组合修建。房屋用的建筑墙体为土坯用草泥"两平一立"砌成，约300毫米厚，内外墙使用草泥抹灰。市内普遍采用土坯砌筑火炕，其地垄墙用普通土坯而炕面使用特殊炕面土坯，具有很高的强度和抗裂性能，制作工艺精良（图7-63）。

（三）经典民居——瑞安堡

瑞安堡位于民勤县城西南郊3.5公里处的三雷乡三陶村，建于民国27年（1938年），原系地方保安团王庆云（字瑞庭）的庄堡，建筑布局被当地的老百姓称作"小皇城"。其南北长90米，东西宽57米，占地面积5100平方米。有大小院落8个，高脊瓦房140余间，亭台楼阁7座。还有一座三层小楼。堡墙高10米，内部设有暗道、暗室、射击孔等防御性设施。

瑞安堡既是庄院住宅又是防御堡寨，整个建筑群分七庭八院，沿中轴线对称，三道大门，门楼琼阁对峙。其中有佛堂、祠堂、客厅、寝室、吸烟馆、逍遥宫、赏月厅、双喜楼、瞭望台、地道、暗堡、天井以及四通八达的人行通道等（图7-64）。

瑞安堡坐北向南，有一堡门，内有两道大门。堡门和其内两道大门同在瑞安堡的中轴线上。堡门高3.6米，宽3.2米，十分坚固。门前上方装有砸孔，可进行防御打击，堡门上方有门楼，系三架前后廊，硬山顶式（图7-65）。

瑞安堡院落由前院、中院和后院三大院构成。前院紧挨堡墙于大门西侧建平房，为雇工住房。西南角建马厩，内有一斜坡马道通至前门楼。前院东北角建草料棚。还有一些建筑物是后来修缮时增加的。过了前院就到了二道门。二道门左右各设有一小门，三个门一起将瑞安堡分成前后两部分。建筑物重点在后半部分。穿过二道门，就来到了中院（图7-66）。

中院由东、西两侧厢房和左右倒座围成一回廊四合院，为接待客人住宿之用。过了中院，就进入了三道门。三道门是前歇山，后平顶，顶有天窗，东、西设两耳门通后院。后院中间有一排

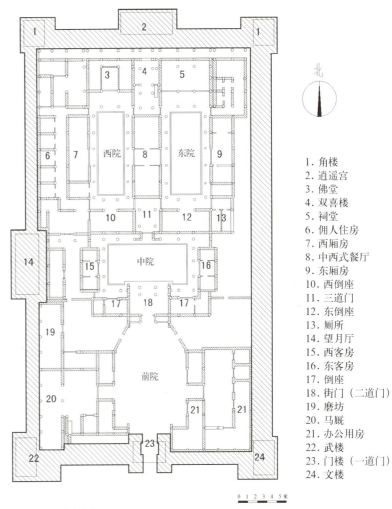

图7-64 瑞安堡平面图

1. 角楼
2. 逍遥宫
3. 佛堂
4. 双喜楼
5. 祠堂
6. 佣人住房
7. 西厢房
8. 中西式餐厅
9. 东厢房
10. 西倒座
11. 三道门
12. 东倒座
13. 厕所
14. 望月厅
15. 西客房
16. 东客房
17. 倒座
18. 街门（二道门）
19. 磨坊
20. 马厩
21. 办公用房
22. 武楼
23. 门楼（一道门）
24. 文楼

图7-65 瑞安堡前院建筑（一）

a. 瑞安堡整体形态

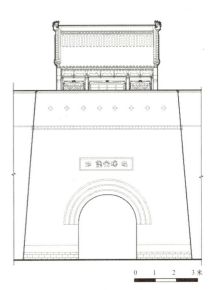

b. 瑞安堡堡门（头道门）测绘图

c. 瑞安堡堡门外观

d. 瑞安堡堡门外观

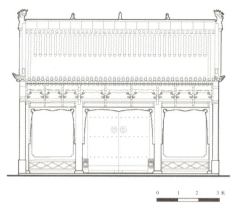
e. 瑞安堡内二道门测绘图

f. 瑞安堡堡门内景

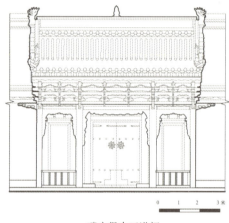
g. 瑞安堡内三道门

h. 瑞安堡内二道门

i. 瑞安堡内三道门

j. 三道门厅内小天井

图7-65 瑞安堡前院建筑（二）

第七章 甘肃民居

图 7-66 瑞安堡院落整体

南北排列、前后出廊的五间住房与客厅，中部有一过厅，过厅北为主人住房，南为客厅。这排住房将后院分成东、西两个相等的后院。东后院正堂，面阔五间，进深两间，为九架前檐廊硬山顶式家祠。东厢房为七架前檐廊五间卧室，内设有吸烟馆。与正堂相对的是五间倒座，厢房和倒座均为家属住房。东后院还设有粮房和厕所。整个东后院内回廊四绕。西后院比东后院略窄，只是正堂用作佛事活动，西厢房为书房和备留用房，倒座为伙房和家属住房（图7-67）。东、西后院跟中院一起构成一个"品"字。后院和中院的西侧设有"月"字形的小院，内有仆人和丫鬟住房以及粮房、水井和厕所。后院还建有一座单间回廊正方形三层小楼，名曰"双喜楼"，也叫"绣花楼"，是姑娘们绣花和出阁的地方。双喜楼在祠堂和佛堂中间，正对客厅，单檐歇山顶，上下有木梯，前有天井小院，院中设有两耳门通东、西两小院（图7-68）。

堡墙上的7座亭台楼阁，分别修建在7个夯土墙墩上。后堡墙上有逍遥宫，西北角有望台，西墙上有望月庭，西南角有武楼，前墙上有门楼，

图 7-67 院落（一）

a. 前院正视

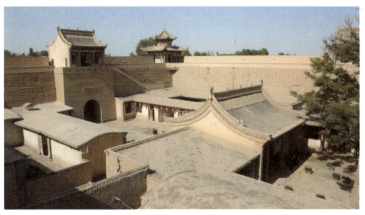

b. 前院与中院

c. 中院的二门与三门

d. 后院俯视

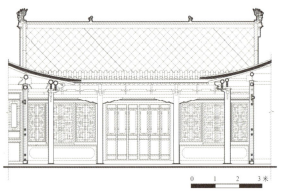

e. 西后院正房测绘图

f. 西后院正房

g. 西后院全景

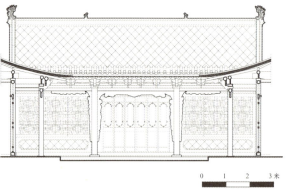

h. 东后院正房测绘图

i. 东后院正房

j. 东后院全景

图 7-67 院落（二）

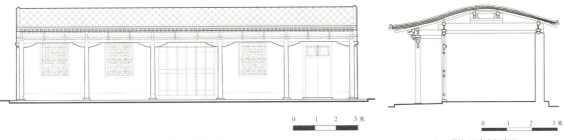

k. 后院厢房立面图

l. 后院厢房剖面图

m. 瑞安堡后院厢房檐廊

n. 瑞安堡后院正房檐廊

图 7-67 院落（三）

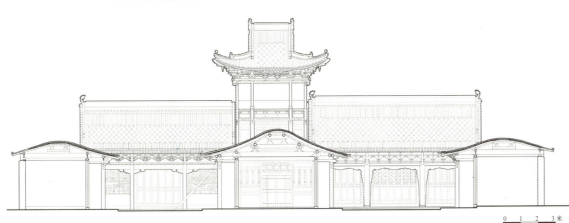

a. 双喜楼剖立面图

图 7-68 瑞安堡双喜楼（一）

232　西北民居

b. 东后院看双喜楼

c. 西后院看双喜楼

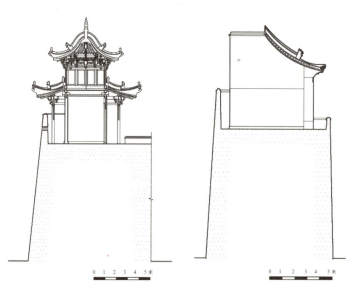

d. 武楼

图 7-68　瑞安堡双喜楼（二）

a. 瑞安堡武楼剖面图　　　b. 瑞安堡望月厅剖面图

图 7-69　瑞安堡亭台楼阁剖面图

东南角有角楼。逍遥宫、望月庭和门楼都是娱乐和赏月的地方。文楼和武楼有文武双全的含义，武楼玲珑奇巧，为一层小楼，从外观上看有两层，下层为单间回廊四方形四角飞檐，上层为六角攒头，上有宝顶。望台和角楼样子基本相似，都是哨所重地，下层为哨室，装有望口，上层为哨台，装有同堡门上相似的砸孔（图 7-69）。

瑞安堡作为私人庄院，规模宏大，设计精美，作为军事防御性堡寨，结构严密，气势崴嵬，设施齐备。它融艺术性和实用性为一体，独具匠心，令人叹为观止。作为地方庄园建筑和军事防卫型庄堡，它形势威峻，结构严密，既有独特性又有完整性，是当地外形粗犷、封闭的生土城堡与北方空间丰富、内院华丽的传统民居艺术的有机结合。

二、陇东地区民居

"陇东"即甘肃省东部庆阳市地区。陇东位于六盘山以东，子午岭以西地区，地势西北高，东南低。陇东降水在400～700毫米间，气候属于半湿润向半干旱过渡。陇东受树枝状水系的长期侵蚀切割，以合道川为界，南部的黄土塬形成

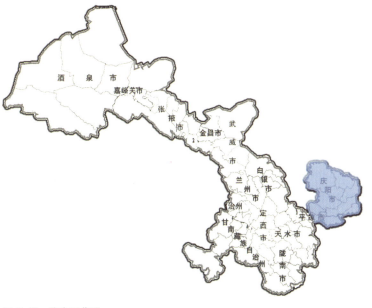

图7-70 陇东区位图

了13个具一定规模的小黄土塬，北部形成了沟壑纵横，支离破碎的黄土梁峁地貌（图7-70）。

陇东地貌复杂，是关中文化、陕北文化、塞外文化的结合部，因此在建筑风格、特征的形成过程中也受到其双重影响。首先，由于地处典型的黄土高原区域，建筑受陕北文化圈影响较为深刻，保留了完整的传统黄土窑洞的居住形式，因此在建筑外形和内部形态上都与甘肃其他地区存在较大差异；另一方面，陇东北部与宁夏南部固原回族聚居区相邻，又受到了回族建筑的一定影响，使得其又产生了新的补充与变化。

（一）窑洞

陇东窑洞在北部沟壑区以靠山窑为主，南部台塬区有下沉式窑洞，在台塬的边缘处也建有靠山窑与土坯房结合的院落。近年来还有村民在建新窑洞，崖面以砖护砌，窑脸抛开传统的圆拱形砌成方形窑脸，构成陇东特有的地域风貌（图7-71）。

（二）土坯房

陇东土坯房大多是土木结构，硬山搁檩，双坡瓦屋面，墙体以夯土或土坯砌筑，近年来多以红砖砌墙体。也有的土坯房不用木料，仅以土坯砌拱，在圆拱上覆土铺瓦外观与木屋架房不相上下（参见本书第三章）（图7-72）。

a. 陇东环县窑洞

b. 陇东合水县窑洞

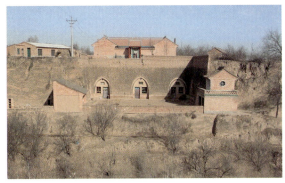

c. 陇东宁县窑洞

图7-71 窑洞

a. 陇东西峰区土坯房

b. 陇东西峰区土坯房

c. 陇东西峰区土坯房

图 7-72 土坯房

（三）高房子

陇东高房子是陇东地域民居的特征之一，高房子是沿袭了战乱年代具有防御功能的堡寨类建筑形态，今天防御瞭望的功能已退化，而美化建筑丰富天际轮廓线，已是高房子的首要使命（图 7-73）。

a. 陇东肖金镇高房子

b. 陇东肖金镇高房子

c. 陇东肖金镇高房子

d. 陇东肖金镇高房子

图 7-73 陇东高房子（一）

e. 董志塬高房子　　　　　　　　　　　　　　　f. 陇东农家小院内部

图 7-73　陇东高房子（二）

三、兰州地区民居——马宅

马家宅院位于兰州市城关区南关什子。马宅建于清光绪末年，原为甘州镇守使马麟的住宅。1936年5月起，此处曾为彭家伦工作及联络地点，名义上叫彭公馆，后改为八路军办事处。

马宅平面布局、立面造型以及材料使用，均为兰州地区传统典型建筑。院落由东西两部分组成，占地面积约1058平方米，建筑面积700余平方米。其西院为主人居住的上院，东院为从属所用下院。东西两院并联，各有大门出入，后增设偏门以便互相连通。两院均为带形四合院，一隔断为木屏风门，二隔断则为砖雕花墙圆门以增强庭园气氛（图7-74）。

院内建筑全部为砖木结构，木构架，木柱。方砖铺地面及屋面，上、下房为双坡屋面，东西厢房为单坡屋面，内檐排水。梁枋施彩画，入口及山墙均置砖雕，工艺精湛（图7-75）。

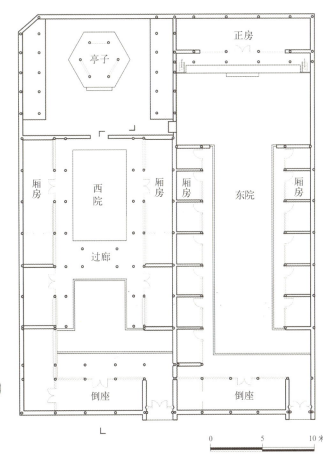

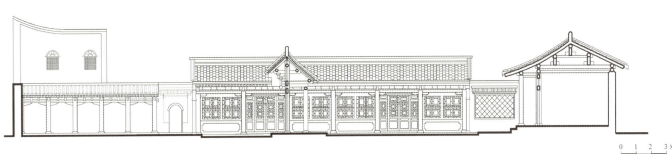

图 7-74　兰州马宅测绘图

第五节 结语

甘肃民居受气候与资源的约束，又由于民族文化的不同，形成了形态各异的民居基本特征，如临夏回族民居、甘南藏族民居、陇东的窑洞民居、天水的中原文化经典民居。这些民居形态在长期的历史演进中与大自然和谐相处，在利用当地材料，抵御气候条件，有着丰富的营建智慧。甘肃民居中普遍使用生土材料，这为当今寻求民居可持续发展，节约能源提供了重要的思路。如何使生土建筑走向现代化，使生土民居适应当代人的生活模式是民居研究者面临的挑战。在地域文化的传承上，我们也欣喜地看到，像临夏回族白宅那样能将传统民居的形态与当代人的生活质量完美的结合，为当今新民居的创新提供思路。

a. 马宅东院正房

b. 马宅西院过廊

图 7-75
马宅院落内部（一）

第七章　甘肃民居　237

c. 马宅西院亭子

d. 马宅檐廊

e. 马宅影壁

图 7—75
马宅院落内部（二）

第八章　青海民居

青海省位于我国西北部内陆腹地,青藏高原东北部,全省平均海拔在3000米以上。青海的气候分为三个大的区域——高原温带、高原亚寒带、高原寒带。其总体日照时间长,年日照数2300～3600小时,昼夜温差较大;平均气温低,境内年平均气温在-5.7～8.5℃之间;降水量少,地域差异大,境内绝大部分地区年降水量在400毫米以下;全省风能资源丰富,年平均风速总的地域分布趋势是西北部大,东南部小(图8-1)。

青海北、东部与甘肃为邻,东南部与四川相接,南部、西南部与西藏毗邻,西北与新疆接壤,成为我国东部地区通向新疆、甘肃北部、西藏的重要通道,并长期受中亚伊斯兰绿洲农耕文化、藏传佛教高原农牧文化、蒙古草原游牧文化影响。在这种多元文化圈交叠影响下,青海境内少数民族众多,地域文化发达。世居这里的少数民族有

图8-1 青海(一)

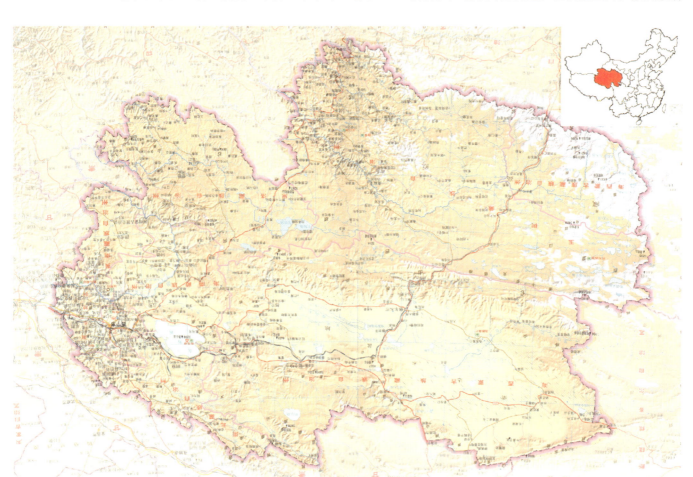

a. 青海区位图

b. 青海地貌

c. 青海地貌

d. 青海地貌

e. 青海地貌

f. 青海地貌

藏族、回族、土族、撒拉族、东乡族、保安族等，并且呈现出大杂居、小聚居的立体分布格局。

第一节　青海民居特征概述

地理学家将青海划分为三大自然区：青南高原高寒区，[1] 西北干旱区和东部季风区。张忠孝教授提出：青海是中国三大自然区交汇处，青海湖是三大区的交汇点。青海的文化不同于西藏，也不同于新疆，更不同于甘肃，青海的文化就是这三大区文化的交汇和融合。其中，从拉萨到昆仑山口所经历的青海西南区域是青藏高原的高寒区，从昆仑山口到青海湖西边，这个青海西北区域是柴达木盆地干旱区，从青海湖到西宁则进入了东部季风区，地貌上则属于黄土高原。

地理环境与气候的差异、人们生存方式的不同加之主导文化体系的区别使得青海民居形成与之相应的三大类型体系。

图 8-1　青海（二）

一、三江源文化圈：青南高原区

三江源地处青藏高原腹地，位于青海省南部，包括青海省玉树、果洛、海南、黄南、海西五个自治州。三江源地区藏民族保持着比较原始的古朴的文化和生活习俗，以藏传佛教为主要宗教信仰。藏民族传统的自然生命观认为，生命是轮回的，赋予自然生命与其他生命平等相处的权力，按自然规律轮回。

由于三江源地区大部分处于牧区，以草原畜牧业为主，以藏民为主。房屋形式以各式帐篷、毡房为主，其室内布置、构成特征等方面均接近西藏民居（图 8-2）。

二、丝绸南路文化线：西北部地区

青海历史上一直是内地通往西藏的主要通道和丝绸之路的南路干线。南北朝时期，南朝与西域的往来，主要是从益州（今四川成都）北上龙涸（今四川松潘）经青海湖旁吐谷浑都城，向西经柴达木盆地，北上敦煌，或向更西越阿尔金山口进入西域鄯善地区。因经吐谷浑境内，故称吐谷浑道或河南道，在青海境内的称为青海路。

新中国成立前青海西北部地区主要生活着蒙古族、哈萨克族、藏族等少数民族，他们散居在天峻、都兰县以及格尔木的阿尔顿曲克地区，人口稀少。这些民族以畜牧为生，逐水草而居，过着游牧生活，少有耕作，其建筑主要以传统帐房为主要形式。新中国成立后，随着农业经济大发展和人口的大量涌入，种植农业所占比例在绿洲地区才有所扩大，才逐渐出现了与东部类似的固定居民点（图 8-3）。

三、河湟文化圈：东部地区

"河湟"一词最早见于《后汉书·西羌传》，其中有"乃度河湟，筑令居塞"的记载。这里的"河湟"指的是今甘青两省交界地带的黄河及其支流湟水。此后，"河湟"逐渐演变为一个地域概念，指黄河上游、湟水流域及大通河流域构成的"三河间"地区，其地理范围包括今日月山以东，祁连山以南，西宁四区三县、海东以及海南、黄南等地的沿河区域和甘肃省的临夏回族自治州。河湟大部分地区平均海拔在1500～2500米之间，这里水源丰富，黄河及其支流湟水等河流贯穿其间，气候相对温暖，宜农宜牧，是青海最为富饶的地区。

河湟地区是中原地区与边远少数民族地区的过渡地，是黄土高原和青藏高原的接壤之地，也是农业文化与草原文化的结合部。河湟地区的民居建筑充分适应了农业生产方式，既有方便迁徙的帐房，又有别具特色的庄廓建筑（图 8-4）。

图 8-2 三江源文化圈

图 8-3 丝绸南路

由于宗教习俗和生活方式的趋同性，以游牧为主的青海东部、南部藏族民居在风格、外观形态上与西藏建筑相同，在"西藏民居"中详述，因此本书中不作全面的介绍与论述。而东部河湟地区放牧与农耕并重，民族多，而建筑形态相似，这里的庄廓民居因其造型独特、风格多样，所以具有独特的青海地域特色和重要的学术研究价值。本书关于青海部分的研究重点在河湟地区。

第二节 河湟地区庄廓民居

庄廓一词为青海方言，庄者村庄，俗称庄子，廓即郭，字义为城墙外围之防护墙，是由高大的土筑围墙、厚实的大门组成的四合院。

庄廓主要分布于青海东部河湟地区，这里是黄土高原和青藏高原的交接处，丰富的黄土成为庄廓的主要建筑材料，建筑使用很厚的夯土墙，土坯墙做围护结构，木材做承重结构与装饰，具有"墙倒屋不塌"的抗震特性。同时，由于墙体高大封闭，具有较好的防寒保温、隔风防尘功能，充分适应了青海严寒干燥的大陆性气候（图8-5）。

庄廓民居所在地多为藏、回、土、撒拉等民族杂居地区，由于生产、气候等诸多相同的背景，

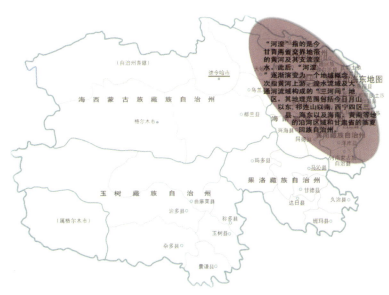

图 8-4 河湟文化圈

图 8-5 河湟地区庄廓（一）

a. 河湟地区地貌

244　西　北　民　居

b. 藏族聚落

c. 庄廓聚落

d. 庄廓　　　　　　　　　　　　　　　　e. 庄廓

图 8-5
河湟地区庄廓（二）

所以庄廓形式和组成基本类同,只是在部分建筑设施上有所区别。如回民庄廓在入口多设砖雕、照壁,院内设有自用井;藏民庄廓室内增加小佛堂,房顶的四角和门前布置各色布幡;土族庄廓的庄墙高大,有套庄和联庄的布局,建筑上不仅有四角置白石头和装点布幡的习俗,而且院内有萨满教信仰特色的中宫,而建筑空间结构却又与汉族四合院极为相似,并有精致的木雕装饰;撒拉族庄廓,庄内多为一面或两面建房,平面以凹廊形式为多,房子进深较大,檐口木作精细,木刻花纹,透雕雀替,较为考究,外露木作多为本色(图8-6)。

图8-6 庄廓比较

a. 藏族庄廓大门

b. 撒拉族庄廓大门

c. 藏族庄廓建筑

d. 撒拉族庄廓建筑

独院庄廓分为四合院、三合院和两面建房三种形式，极个别的只建一面房屋。最典型的平房四合院庄廓，适于人口多的大家庭。它除了可以一次建成之外，亦可先建两三面的房屋，而后根据需要再扩建。因此，庄廓是一种对人口的多少和增长有灵活的适应性的民居。农村的独院庄廓有附带车院、菜园和果园的，成为一个多功能的组合体，以满足居民的需要。

多院庄廓的处理与独院庄廓相同，但在两三个庭院中要分明主次。城镇上的多院庄廓附带商店的铺面（图 8-7）。

藏族庄廓——十世班禅故居

藏式庄廓大都为简单的平顶房，房屋以圆木为顶，上覆厚土。以前的藏式庄廓里既种蔬菜，又养牛羊，是典型半农半牧生活方式的缩影。

藏族庄廓中的装饰具有特殊的美学意义。民居中通常布置有专门供奉神佛的经堂，是藏族人家的中心所在，巨大的佛龛就占据一面墙，内墙及壁柜上也多绘有吉祥的图案等。而居室中柱子、横梁位置显要，其上的装饰长方格内或填写梵文经文，或绘各种花卉（图 8-8）。

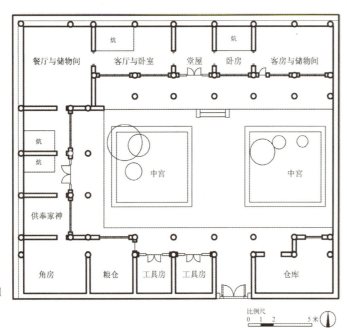

图 8-7 庄廓平面图

a. 三合院平面图　　b. 四合院平面图

图 8-8
藏族庄廓室内

庄廓屋顶常插嘛呢旗,屋顶及墙体屋顶多挂置经幡、法轮、经幢、宝伞等。室外屋顶四角搭建五色旗幡的墙垛,象征蓝天、白云、红火、黄土、绿水。在院内树"古达尔",在大门门楣上镶嵌"十相自在图",外墙绘制"拥忠"图案。建筑外墙门窗上挑出的小檐下悬红蓝白三色条形布幔,周围窗套为黑色,屋顶女儿墙的脚线及其转角部位则是红、白、蓝、黄、绿五色布条形成的"幢",此五色分别寓示藏传佛教中的火、云、天、土、水的吉祥愿望(图8-9)。

十世班禅大师故居是青海藏族庄廓中的典型代表。故居坐落于循化撒拉族自治县文都藏族乡麻日村,始建年代不详。其中最老的宅院(现在的兄弟家院)处于故居的东北角,约有上百年的历史,其东厢房是班禅大师诞生的地方,后几经扩建,1983年最后建成了班禅大师及其父母居住

图8-9
藏族庄廓外部装饰

的二层新宅院，即现今的主院，形成了较完整的格局。

故居位于文都河谷南岸，坐东朝西，大门朝南，总占地面积约为3725平方米，内分前院、内院和四个生活院（主院、兄弟家院、堂弟家院、库房院）及两个杂居院（牲畜院、杂院），现分住着大师的父母、弟弟、管家及亲戚（图8-10）。

故居总建筑面积2552平方米，庄廊形式，各院平面均呈四合院形，院墙夯土筑成，底宽70～120厘米不等。内部木构房屋，草泥屋面。

东南角的新宅院——主院是故居中装饰重点的部分。墙头饰以"蜈蚣墙"纹样，屋顶设宝瓶、金幢，房屋木构全部彩画，新宅底层四合院形式，面积为656平方米，卵石铺院，二层呈凹字形平面，面积为452平方米，上下分设经堂、卧室、会客室及作坊、库房、厨房等。在内部装饰上也颇具特色。二层居室全部采用推拉窗（双层），外层为传统的木格窗，内层采用了彩画实心木板窗，开启时与周围墙板混为一体，闭合后即为保温隔声的屏障。各房屋后墙与后柱装板之间设置了大量壁柜，巧妙利用了后墙与后装板墙之间的空间（图8-11）。

故居西北一小杂院中有一棵约10米高的大树，方圆数里均可见，是故居的标志（图8-12）。

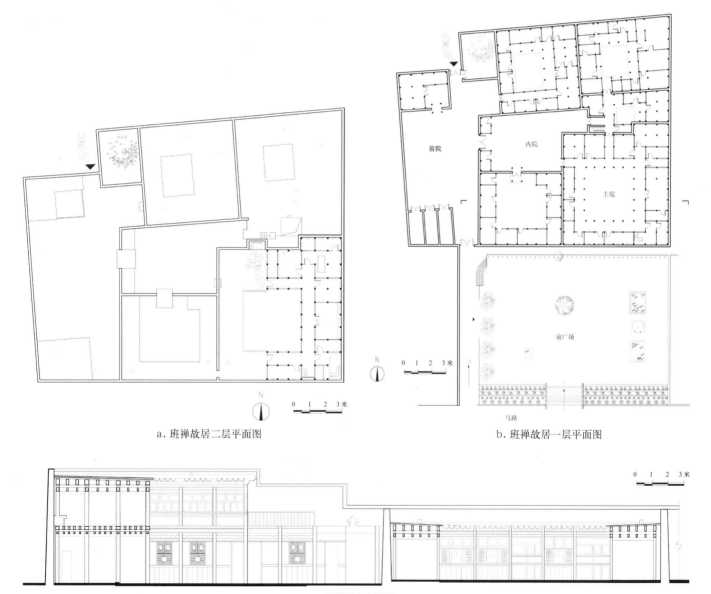

a. 班禅故居二层平面图　　b. 班禅故居一层平面图

c. 班禅故居剖面图

图 8-10　班禅故居测绘图

a. 班禅故居前广场

b. 班禅故居前广场

c. 班禅故居主院入口和大门

d. 班禅故居内院

e. 主院一层院落内部

f. 主院内部

g. 二层院落

h. 一层檐廊

图 8-11　班禅故居（一）

图 8-11
班禅故居（二）

i. 二层檐廊　　　　　　　　　　　j. 二层檐廊

图 8-12
故居建筑群

第三节　撒拉族民居

一、撒拉族民族特点和居住习俗

撒拉族是青海特有的少数民族之一。据考证，其先民于 13 世纪从中亚土库曼斯坦远迁至我国。撒拉族绝大多数居住在青海循化撒拉族自治县、化隆县以及甘肃省的临夏大河家地区。

撒拉族是穆斯林民族中人数较少的一支，虽然同是伊斯兰民族，但撒拉族的聚居方式与回族"围寺而居"的方式并不完全相同，其以"血缘"为纽带聚居的特点明显，民间常有"十个撒拉九个韩"，"活着一家人，死了一个坟"之说。比如在撒拉族中，他们的社会结构称之为"工"，相当于乡的行政区划,每一个工之下领若干个村庄。工和村是撒拉族人居住的自然单位,同时也是一种行政单位。撒拉族以父系血缘关系的人组成近亲组织——"阿格乃",即由一个父亲的几个儿子(俗称当家子、兄弟)2～10户组成。同一祖父的几个孙子之间成为"近阿格乃",同一个曾祖父的几户之间关系则是"远阿格乃"。撒拉族是小家庭制,父母与小儿子一同居住,即一个阿格乃,其余的儿子成家后均另立门户,若干个"阿格尔"组成"孔木散"("孔木散"是撒拉语"一个根子"的意思,是远亲的血缘组织),一个"孔木散"少的有10户,多的30～40户构成一个村落(图8-13)。

a. 循化街子镇撒拉族聚落

b. 街子镇

c. 孟达乡

d. 撒拉族砖雕

e. 街子镇清真寺

f. 孟达乡清真寺

g. 撒拉族砖雕

图8-13 撒拉族聚落

二、撒拉族庄廊

撒拉语称庄廊为"巴孜日",是青海省民居的普遍形制。撒拉族的院落一般方正,主体的堂屋高大宽敞,正处于庄廊的中轴线上,多数为三开间,除了山墙和后墙是用砖砌以外,前墙几乎全部采用木质结构,房顶前出檐,檐下形成一个1米左右的檐廊,便于主人在廊下做活或晾晒东西。正中的房门缩进约1米,形成"凹"字形空间,称之为"虎抱头",当地的撒拉族民众说这样的房子布局形式,是为了家中"过大事"好办宴席,即两炕、两炕对面空间加上门厅"凹"字形空间,一共可以摆五桌(图8-14)。

热情好客的撒拉族人民家中的灶房也充分体现了待客之道,炉灶最常见的形式是"蝴蝶灶",这样的灶既可以增加工作台面,也比并排的灶节省空间,同时烧火做饭的两个人也不会相互影响(图8-15)。

图8-14 虎抱头

a. 上房村民居虎抱头

b. 骆驼泉民居虎抱头

c. 虎抱头

d. 虎抱头

e. 虎抱头室内

f. 虎抱头屋顶梁架

图 8-15 蝴蝶灶

撒拉族民居也表现了出民族文化的相互渗透与吸收，比如，有些撒拉族在建庄廓的时候，在打墙的时候，有在四周墙角放置圆形白石头的习俗，便是其先民在与当地的藏族融合时保留下来的，据说这样能够镇邪驱鬼。墙打完后需要选择一个合适的位置开门，但是不请风水先生，不兴堪舆，一般认为前有风景秀丽的山，或长势优美的树是比较吉祥的。开门时，要虔诚地念诵"太思米"（意为"奉至仁至慈的真主之名"），然后用镐或锹挖开门洞，供人临时出入，待房屋完工后再修正式大门。

街子镇乡上房村韩家庄廓是当地典型的撒拉族庄廓。院落平面大致呈方形，东边顺应巷道的走向呈现斜角。院落的大门临街而开，但是略向后在门前形成小空间，满足家族一定的私密性。院落坐北朝南，正房采用虎抱头的平面形制，临窗是传统民居的布置形式——火炕。右厢房是两个钥匙头的平面形制（图 8-16、图 8-17）。近年来，街子镇乡居民修建新的院落，保持了撒拉族传统的文化，木雕、砖雕艺术被发扬光大（图 8-18）。

三、篱笆楼民居

循化县孟达地区因靠近林区，可利用的木材资源丰富。过去富裕人家往往建造一种两层的土木楼房，一层的围护结构是夯土或土坯墙。二层围护结构是使用柳条编制成篱笆，然后敷抹上草泥做围护院墙，当地人称之为篱笆楼（图 8-19）。

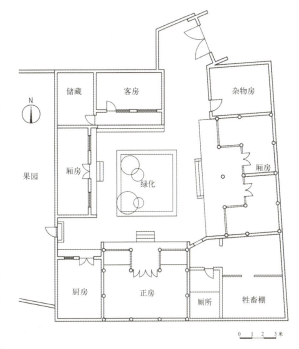

图 8-16 韩宅测绘图

篱笆楼通常将上层当作卧室，下层作厨房或畜圈。撒拉族民居房内两边的床下是两个火炕，炕上往往摆放门箱，上叠放着被毡枕头，少数人家则保留着旧时的壁框。北墙对着房门的地方是八仙桌，上面摆放着各种器皿、花瓶、镜子、座钟及生活用品（图 8-20）。

孟达乡大庄村是撒拉族聚居村落，村落围绕大庄清真寺临街建院，相互毗邻。马宅原来是一座大型合院民居，正房七开间，后来由两兄弟分住，今东面院落已废弃，仅存西侧院落。

西侧马宅平面呈长方形，入口位于院落西北角，利用二楼楼板下的空间形成较为低狭的入口，

254　西　北　民　居

a. 韩宅大门

b. 韩宅正房

c. 韩宅厢房

d. 韩宅厢房

图8-17　韩宅照片

a. 新建韩宅厢房

b. 新建韩宅厢房

c. 新建韩宅大门

d. 新建韩宅正房

图8-18　街子镇正在修建中的撒拉族新民居

图 8-19 篱笆楼

a. 马宅现有院落

b. 马宅现有院落

c. 马宅篱笆楼东侧

图 8-20 马宅篱笆楼

左转进入院落，上房坐西朝东，而将朝向最好的面南的房子作为厨房，其前带檐廊通高而上形成二楼的走廊。为了节约空间，上楼的木梯紧贴东面房屋外墙搭建，二楼以木构架为主，形成秀丽的外立面，这也是撒拉族民居区别于当地其他民居的最大的特点（图8-21）。

第四节 结语

特殊的地质、地理环境区位造就了青海特殊的气候、生物链，而鲜明的少数民族文化则奠定了青海深厚文化内涵。这些因素交织在一起，赋予了青海民居以独特的生动面貌，使其在中华传统民居中具有重要一席之地。

青藏高原特有的严峻生存背景使得青海民居十分重视对特产资源的高效利用与自然环境的适应。首先，房屋结构根据当地"土"、"木"、"石"等建材资源状况和经济业态择优选取，在此基础上确定与之对应的营造手段。其选材策略、结构形式往往灵活多变，因此庄廓、碉房、帐房、木

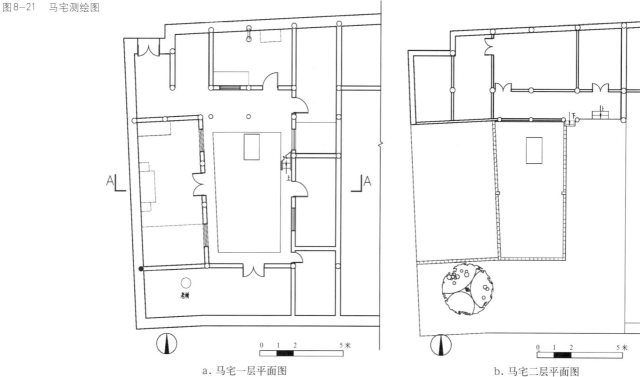

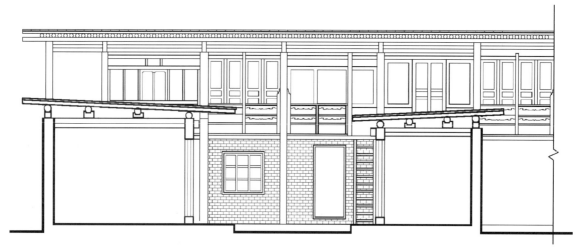

图8-21 马宅测绘图

a. 马宅一层平面图　　b. 马宅二层平面图

c. 马宅剖面图

楞子，甚至土窑等各类建筑形态同时并存，丝毫没有中原地区常有的因循守旧之感；其次，建筑建造过程中就地取材，尽量不对天然材料进行过度处理，充分保持了材料天然特性，因而既经久耐用又对人体没有任何毒副作用。同时，这种营建方法还充分适应了藏族群众"拆旧翻新"的建房习惯，除腐朽或虫蚀的木材不能再用以外，其余木、石、土材料均可再次或多次使用，有效节省了宝贵建设资源；最后，各式民居积极适应青藏高原严酷的气候环境，除遵循选址、平面布局中重视"向阳"、"背风"等传统原则外，还积极利用挡风屋、挡风墙、风门、天井、天窗、楼梯井等建筑细节，采用各种遮挡与开敞相结合的办法，取得了室内平静、无风、透光、通气、温暖的理想室内环境，充分实现了建筑对自然气候的良好适应性（图8-22）。

由于地理位置、区域经济的式微，青海民居很长一段时间以来，一直没有受到普通大众乃至专业学者的重视，其乡土建筑、农村聚落的研究工作仍处于相对滞后的状态，尚未得到全面、系统的推展。因此，系统、认真研究在这样一个特殊区域中，人类如何适应、利用和改造脆弱自然生态环境，并建立、发展符合区域整体特征、生产生活规律的民居建筑，既有助于回答大自然向人类提出的挑战性生存难题，更有利于广阔的青海农村在新农村建设中得以可持续的推进。

注释：

[1] 单元蓍. 青海的三面孔. 北京：中国国家地理，2006(2).

a. 篱笆楼透视

b. 二层柳条篱笆

c. 篱笆楼局部

图8-22 高效利用地方资源与自然环境相适应的撒拉族民居

第九章 西北民居的营造智慧及其当代发展

第一节　西北传统民居的营造智慧

西北传统民居在应对气候与资源上的营造智慧，是当今民居学研究的重点方向。气候通常是指某一地区长时间内气象要素和天气现象的平均状态，是该地区的太阳辐射、大气环流和地理环境长期相互作用的结果。由于气候统计的时间尺度往往为月、季、年、数年甚至数百年以上，因而具有相对稳定、持久的基本特征。

建筑是人类在与大自然（特别是恶劣气候条件）不断抗争过程中发展出来的智慧产物。这一辩证关系在传统乡土建筑适应当地气候条件以及合理利用气候资源的历史发展过程中清楚地得到了验证。人们对气候与住居形式之间深刻的关系有着独到的理解，体现在聚落选址、建筑体系、构造处理等方面。这种气候环境观念，注重人与自然的有机联系和交互感应，形成了人与自然种种关系的整体把握。作为人类与自然界相互结合的最主要平台之一，乡土建筑更是受到诸如温度、降水、风力、日照等气候要素的全面、持久地约束，最终逐步形成与之呼应、紧密相扣的持久生态链条。

一、气温

从建筑意义上看，西北除陕西南部地区外，大部分地区各类建筑物对于气温的适应，只需考虑防寒，自然满足夏季隔热要求，因此不必专门考虑夏季防热。建筑的防寒则是通过建筑被动适应和室内主动采暖两种途径实现。

（一）建筑设计——外围护结构

1. 外围护墙体

昼夜温差大，防寒是建筑外围护技术的处理重点。外围护墙体是建筑防寒的主要"防线"，抵抗并消减不同季节室内外温差，阻挡或保持热量，是寒冷地区的建筑与干热地区的建筑拥有相似与共通之处。在气候炎热干燥的地区，建筑物通常采用厚重的墙体，以利用其对外界环境变化的时滞性。

西北地区乡土建筑外围护结构的特点是外墙厚而重，建筑多采用厚重的生土墙（厚50～100厘米左右）作承重和围护结构，将高热容的生土（夯土、土坯砖等）、草泥、砖石等材料组合起来，成为一种白天吸热、晚上放热的"热接收器"，使住房较好地达到"冬暖夏凉"的效果。

例如，甘肃陇东为干旱、半干旱地区，冬季严寒，夏季酷暑，最冷时气温－18℃，最热时气温40℃左右。在炎热的夏天，热量被黄土表层吸收，黄土深层的窑洞内凉爽，窑内温度低于地表十几度。在严寒的冬季，地热由里往外发散热量，窑洞内的温度又高于室外。据测算，夏季窑洞内的平均温度要比室外的平均温度低13～14℃；而冬季窑洞内的平均温度要比平房的平均温度高4～9℃左右。同时，由于窑洞顶部距地表有4～8米左右的距离，这样又保持了窑洞内温度在隆冬和盛夏季节的相对稳定。在这样不利的自然条件下，居住窑洞正是利用了黄土层厚、气候干旱的地理特点，发挥了土层在夏季隔热、冬季蓄热的功能，显示出了陇东窑洞冬暖夏凉的功能，创造出了巧妙处理室内环境温度的典范（图9-1）。

又如青海庄廓建筑，由于在建造庄廓时是先打起庄廓墙，后砌各房屋的围护隔墙，房屋的后墙就与相邻的庄廓墙各自独立而形成"二张皮"，藏族、土族群众常将这"二张皮"相隔一定距离设置，从而在二者之间形成一个空气层，它对房屋的保温、防寒起到了很好的作用（图9-2）。

2. 屋顶

西北民居建筑屋顶从形式上看大致分为两类：覆土屋面与非覆土屋面，受较低技术与经济水平所限，无论屋顶为何种形态，结构层方面一般不做专门保温处理。

（1）覆土屋顶

覆土建筑包括各类窑洞，主要分布在陕北、甘肃陇东、宁夏南部地区。覆土厚度根据建筑类型不同，从5～10米不等。

（2）非覆土屋顶

非覆土屋面一般采用木构体系，相对薄且轻。

图 9-1 陇东窑洞

图 9-2 陕北窑洞的覆土屋顶

由于墙体是受压构件，比较厚重，热稳定性能好，不易传导热量，而屋架是受弯构件，无法做得过于沉重，因此屋顶轻薄，热稳定性差，不利于冬季建筑保温。结构体系的单一以及木质资源匮乏成为约束屋顶保温性能的最大障碍（图9-3）。近年来，农村建房也有用水泥预制构件来代替木材的做法。

西北地区中从北至南，从西向东，屋顶厚度越来越小，反映出气温对建筑形态的影响。自关中向北（窑洞）屋顶依次增厚，向南则屋顶稍薄，没有覆土；自兰州向西则屋顶形式逐渐变为平屋顶；自银川向南则逐渐由平屋顶变为坡顶，出现屋顶坡度形式的递增现象。

（3）门窗形式与保温

从建筑热工的角度讲，窗户是保温围护结构中的薄弱环节，采光和保温是互相矛盾的一对统一体。所以在气候寒冷极限区域，通常开窗数量少、面积小，对视野和采光的考虑通常让位于对保温的要求。

西北地区民居建筑由于冬季严寒，除部分类型建筑形态限制外，绝大多数房屋北面一般不开窗户，有的即使开一个，也是很小。到了冬天，窗户不仅从不开启，而且要用纸糊得毫无缝隙。陕北窑洞为最大限度争取日照而采用满堂大窗。

建筑门窗的大小直接决定着采光与保温的矛盾，就整体建筑而言，窗户中多为固定扇，活动扇少，依旧体现出保温优先、兼顾采光的原则。

（4）建筑体形比例

体形系数是指建筑物与室外大气接触的外表面积和其所包围的体积之比。建筑面积对应的外表面越小，外围护结构的热损失就越小。因此，从降低建筑能耗的角度出发，应将体形系数控制在一个较低的水平。

控制体形系数可采取以下方法：宜适当减少

图 9-3 西海固居民以预制水泥条替代木梁及椽子建造屋面

面宽、加大进深；在可能的情况下增加建筑物的层数；体形不宜变化过多，立面不要太复杂。寒冷地区建筑物多采用比较紧凑的形式，以减少表面积和内部空间体积的比率。

整个西北地区民居建筑整体形态基本上都是紧凑低伏、围合封闭、缺少突兀、屋顶平缓的形态特征，有效地减少散热面，利于节能。

（二）室内取暖系统

西北地区农村室内取暖方式以烧炕为主，大多数农家将锅灶砌在居窑内，与火炕连通，在炕内盘烟道，利用做饭的余势取暖。火炕是冬季家庭活动、就餐、就寝的主要空间，其面积通常为3～5平方米左右。尽管近年来建筑室内往往增设了床、椅子、凳子、沙发等现代家具，但由于其冬季表面气温较低缘故，在室内气温舒适性上处于相对劣势，严寒区更是如此。

火炕布局按其在建筑平面中位置不同，可以分为窗炕与掌炕两种类型。

窗炕又称"前炕"或"顺炕"，布置方式相对灵活，广泛分布于西北各地各类建筑当中。在窑洞建筑中，建筑平面中门开于偏隅，另一侧为窗，窗台下为炕，再往内部则为锅台。陇东窑洞进门之右侧为火炕，炕北接连锅台，由于火炕占据使用面积大，所以挖窑时，将右侧窑壁放宽36～50厘米，使火炕占据窑壁，这样可以扩大窑内的有效空间。而生土房屋中，窗炕体往往抵住建筑山墙部分而建，与进深方向等宽，烟道也贴外墙设置。炕上温暖明亮，冬天人们坐在炕上做家务活、吃饭、接待客人等。

掌炕分布于陕北的靠山窑和独立式窑洞建筑之中，炕体通常设在窑尾部位，沿面宽方向横长布置，炕面较大，并可充分利用窑室前部空间和窗口位置布置家具。炕是室内中堂（窑掌）的位置，常悬挂以老虎或山水为题材的绘画，两旁配以对联。由于掌炕距窗较远，因此南向窗户开成满拱大窗，户门设置灵活，可偏可居中。垂直烟道靠近后壁伸出窑顶。掌炕由于建筑相对进深大于窗炕，因此保暖温度效果好于窗炕，但空气质量则有所下降（图9-4）。

掌炕、窗炕的设置位置不同体现出与气候相应的设计原则。陕北地区冬季严寒，为了取得较为舒适的物理环境，炕周边的温度较室内前部高，尽量减少热损失，同时，由于纬度较高，太阳照射高度角较小，可以保证室内采光要求，通常8米进深的窑洞阳光可以照到掌炕上。同理，采用窗炕的地区则恰好相反，由于冬季温度相对不是极端寒冷，因此体现出采光优先的设计原则。

a. 窗炕（窑前炕）　　　b. 掌炕（窑后炕）

图 9-4　火炕在窑洞中的不同位置

二、降水

干旱（半干旱）是西北地区的最大特征之一。相对于巨大蒸发量而言，大气降水总量稀少，持续时间短促，集中。受季风影响，区域内自东向西、自南至北年降水量逐次减少，干燥度渐大，呈现出由湿润、半干旱向干旱气候过渡的整体趋势。

从建筑气候学的微观角度看，降水量反映了一个地区的干湿程度，是确定区域雨水排水和屋面排水系统的主要设计参数，涉及屋顶防水技术、坡度、材质、几何形态等一系列具体技术问题，并直接影响到屋顶雨水排放、墙面防水处理、院落雨水收集三个建筑营建因素。

对各式生土建筑而言，"排"、"防"两个方面的技术处理，并不单纯仅为了保证室内免受雨水侵蚀，具有相对良好的适宜感受，更是因为雨水容易使黏土强度显著降低，土壤膨胀乃至崩解，导致建筑安全性受损，直接影响到建筑的力学性能和使用安全性，因此必须加以防范。而"集"则体现出干旱区生活中对于宝贵雨水资源的充分利用原则。

无论是"排"、"防"，还是"集"都突出体现了西北地区乡土建筑通过不同技术手段，对降水因素的适应，既有共性的规律，更有适应区域所在地的降水特点，高度灵活的处理方式和方法，形成了一个综合的应对降水的有机整体。

（一）屋顶雨水排放

1. 原生土、全生土建筑屋顶

生土建筑是利用自然地势、天然土质来建造的居住场所，因而对地势、地址的选择极为慎重。

靠山式窑洞由于屋顶与山体融为一体，因此必须选择地势高、土质坚硬之处，避免水土流失严重之处和雨水汇集之路，以防降雨过度冲刷顶部，形成水患。

独立式窑洞由于顶部覆土土层深厚，因此屋顶基本不作特殊防水处理，只需窑顶部位稍有起坡，形成自然排水方向，其坡度大约为3%～5%，雨水汇集于窑掌后部的流水石槽，统一收集并予以排放。在渭北旱原及宁南地区饮水依靠窖水的人家，其排水出口最终通向院子，水窖回收。

下沉式窑洞由于形态特殊，因此必须做好窑顶防水和院落排水防涝的双重防范措施（院落排水防涝参见本章第四节）。其通常处理方法是建筑选址于平地稍凸起的地方，将开凿院子、窑洞的泥土覆盖在四面窑顶上，使其略高于窑洞屋顶（窑脑）部位，同时碾平压光，以提高窑顶土壤密实度，方便雨水排放。另外，基地附近必须无明显鼠害，以免雨天地表洪水经鼠洞涌入，既危及窑洞结构安全又容易形成内涝。

2. 木构架生土建筑屋顶及技术处理

木构架生土建筑即围护墙体采用夯土或土坯墙，屋顶采用木构架。屋顶形式随降水量的多寡呈现出较为多样的类型，对不同降水量的反馈也更为明显，总体呈现出方便易行的基本处理原则。

从总体上看，北方半干旱农牧交错带区域中，建筑屋顶坡度北平南坡，北缓南高，北无瓦南有瓦，并且以等降水量300、500毫米为界线，随地区降雨量的增多呈现出较为明显的变化趋势。而北方干旱绿洲边缘区屋顶形式随纬度、经度变化已经没有相对差异，排除个别建筑经济因素外，绝大多数建筑均为无瓦平屋顶类型，体现出相同气候背景下，建筑屋顶形态的相似性。

（1）无瓦平屋顶

无瓦平屋顶主要分布于300毫米等雨量线以内范围。从地理范围上看，从北方干旱绿洲边缘带西段敦煌绵延至武威的河西走廊大部地区，农牧交错带中的北部区域，如宁南吴忠、同心，陕北定边、神木北部区域也有分布。

区域内多干旱少雨且蒸发量大，加之连续降雨时间短促且强度不大，因此屋顶处理基本不考虑降水因素影响，多为略为倾斜的无瓦平顶形式，坡度2%～3%之间，甚至索性完全水平。屋顶多为草泥抹顶，仅沿建筑主立面侧出挑外墙十数厘米，其余三侧均与墙体砌齐，采用自由排水形式。经济条件较好的建筑屋顶铺砌方砖，设有砖砌女儿墙，有组织排水（图9-5）。

无瓦平屋顶施工过程中，于生土承重墙上置椽，椽间距40厘米。椽上铺木板或苇席，其上用草泥墁成平顶，草泥厚度5～10厘米，待完全干燥后再抹灰土，也有的在灰土层上墁上石灰打压光平。

（2）单坡式屋顶

单坡式屋顶主要分布在300～500毫米之间等雨量线范围之间，分有瓦和无瓦（草泥抹灰同前）两种形式。从建筑外观上看，房顶一面高，一面低，不起脊，出檐明显。其中无瓦类型坡度3%～5%之间，有瓦类型屋顶坡度15°左右。虽同为单坡屋顶，但其建筑屋顶较为平缓，与陕西关中"房子半边盖"的传统民居建筑存在较大差异（图9-6）。

a. 河西走廊传统平顶建筑

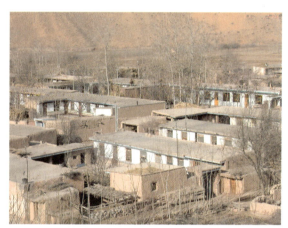

b. 宁夏中卫的平顶建筑

图9-5 西北民居的无瓦平屋顶

a. 宁夏南部单坡顶民居

b. 关中民居的单坡顶形成的"房子半边盖"

图9-6 西北民居的单坡式屋顶

单坡顶式建筑由于受屋顶起坡高度限制，往往进深较小。

无瓦单坡屋顶基本构造处理与平顶无异，唯其生土承重墙稍有提升，形成一定坡度，朝向内院子。有瓦单坡屋顶则是在草泥上覆仰瓦。

（3）有瓦硬山式屋顶

有瓦硬山式屋顶大多分布在 500 毫米等降水量线范围以上，陕南的汉中盆地、安康盆地由于雨水较多，陕南民居借助于挑檐梁，檐口出挑深远，有的达 1 米以上。有的楼房再分层次做腰檐，类同于南方民居，以保护墙面不受雨淋。由于不考虑防寒，瓦屋面只铺冷摊瓦，有的民居上部阁楼裸露木构架，填以竹笆或木板，在竹笆上墁草泥刷白灰浆，石砌勒脚，形成鲜明的陕南民居的造型特色。

陕南民居大多受四川与湖北民居的影响，以讲究实用为主，屋面做法是在檩条上固定椽条，再在椽条上钉挂瓦条并直接挂瓦，这种称作"冷摊瓦"的屋顶在陕南民居中使用的十分普遍。冷摊瓦是一正一反，张张重叠，每张错 1/3 ～ 1/5，这是以排水为主、防水为辅的排水设防方式。冷摊瓦中俯瓦和仰瓦较为平坦，搭接处为企口，可避免雨水流入（图 9-7）。

陕南地区青木川民居建筑屋顶均为两面坡式。厢房和正房的屋面通常不在同一标高上，在两部分屋面交接的地方通常做成"燕子口"，在屋顶平面上形成一对角线，向内有排水沟，向外有垂脊伸出。通常屋顶出檐深远，遮挡阳光辐射，又防止雨水冲刷墙面或渗入屋内。"冷摊瓦"屋顶的特点是，透气性好，空气从许多细密的缝隙中进入室内却又感觉不到风，而是徐徐地、不断地循环着室内的空气，这在冬季门窗紧闭时效果尤为显著。在夏季，气候潮湿闷热，"冷摊瓦"屋顶又可以不断地将室内的湿气排出，较好地解决了建筑室内的潮湿问题。

（二）墙体防水处理

由于本区内乡土建筑外墙体多为生土材料构建，且多为承重构件。当表面受到风霜雨雪侵蚀之时，通常会出现软化侵蚀的现象。轻则影响建筑美观，重则使黏土强度显著降低，土壤膨胀乃至崩解，导致建筑安全性受损。

对于墙体的防水处理往往针对不同生土建筑构造特点、住户经济情况，选用相应的处理方法。与南方生土建筑类型多采用粉刷防水处理不同，本区中除藏式建筑外，各类生土建筑均罕见粉刷防水工艺，体现出不同的处理思路与方法。

1. 建筑处理

窑洞券面也较洞壁收入 15 厘米左右形成内凹的"藏面子"，或是用土坯等凸出墙面砌成拱形装饰，避免了窑洞壁水流入室内。

建筑室内需高出庭院标高近 3 ～ 5 厘米以防雨水倒灌，坡度大小随地势和当地最大降雨量而定。

图 9-7 陕南民居中"冷摊瓦"屋顶

2. 砖石镶面

在经济条件允许的条件下，各式生土窑洞大多数改用砖石镶面，即利用石材进行外贴面处理。砖石镶面可以有效改善雨水对墙面的侵蚀，光洁整齐，有效美化居住环境。

3. 麦草泥抹光压实

经济条件较差的住户，结合建筑类型，充分利用黄土自身特性进行整治。

对于墙体承重的半生土建筑，保持土层原状，刮削整齐，或用草泥抹光压实，因其耐雨水冲刷性能差，视各地降水量不同，每隔若干年后，对其整体表面进行斫削，重新进行处理。

对于居住在土窑的住户，则需对窑脸进行仔细斫削，去除受损表面，露出土崖内部新土。斫削时自上至下进行。每次斫削约20～30厘米，人员立于断面之上，手持特殊工具进行斫削，斫削后的窑壁往往具有强烈的图案肌理感。个别窑洞由于时间久远，斫削次数较多，甚至出现了建筑内部空间变成室外界面的独特现象（图9-8）。

4. 其他

（1）生土墙防潮

生土墙外包黏土砖类似南方土楼"金包银"工艺做法，即将生土墙外侧用黏土砖包裹，组合使用，起到既防水又保温的效果。半生土式建筑在砌筑（夯筑）土墙时，常采用石块加固地基，多在墙身下面用砖石或碎石砌一段墙角。甘肃民勤一带有盐碱地区还在距地面一尺处墙基槽内铺一尺厚的芦苇以隔碱。

（2）天井排水

天井四周的坡顶坡向天井，使天井承担了建筑的排水功能，这种方式又被称为"四水归堂"。天井多采用暗沟排水，地漏上有盖板，水通过地面的找坡，经地漏排入地下暗沟，再加上利用了地形的高差，院内积水很容易排出。

天井多采用青石板砌筑，讲究的上檐有出挑的滴水。有些大户人家提高上堂的地坪，与天井池有一定的高差，防止天井溅水，保持堂屋地面的干燥。在建筑所有的门槛下都垫有青石板，防止雨水回溅到木板上，起到一定的防潮作用。对于夯土墙的保护，利用增加挑檐，在基础下用卵石铺砌，起到一定的防水和保护墙体功用。

（三）院落雨水收集

"用水难"是以黄土塬为主的贫水区域居住类型面临的一大生存难题。除去天然河沟、人工井渠等，自然水源极其稀少。同时，部分区域水质不佳，例如，陇东环县常流水中34%为苦水，地下水中60%的水不能饮用、灌溉。在传统乡土建筑中，积极主动地使用建筑、院落设施进行雨（雪）水的收集、利用，进行被动式集水，成为人类应对恶劣气候的方法之一，亦形成了陕北、宁南和甘肃东北部为代表的半干旱生态脆弱地区

图9-8 修窑脸

的一大建筑特色。

室外雨水收集按采集地点、容器形态的差异，大致可以分为水窖和涝池两种基本类型。

1. 水窖集水

水窖是黄土高原沟壑区及塬面区等降水少、土层厚的丘陵地区，乡土建筑必备设施之一。居民院落中普遍建造水窖，采用"窖藏储水"的办法以缓解缺水的困境。据定边旧志载："家各置窖，贮夏雨冬雪，其中虽杂污秽，而舍此无可为水。"[1]

所谓"窖藏储水"，即是于地势比较低的雨水汇流处，垂直向下挖一坑，用来储存自然流进的雨水或者在冬天将雪搜集起来填埋到里面。当地人将这种保存雨水、雪水的坑称之为"窖"，样子像坛子，开口小肚子大。水窖多设置在住户院落周边隐蔽之处，且有一定坡度，来水便利的部位，如院落、场边、路边。集水部位不同，水质亦有较大差异，从屋顶、院落至路边，水质依次下降。同时，为了保证水质，通常水窖储水后需要沉淀若干天后方可饮用。

水窖大的三丈余，小的丈余，按材质可分为土窖和石窖两种。土窖充分利用黄土直立的特性，在四周用不掺麦草的土坯垒砌加固，随后在表面多次涂抹细文泥或甜泥，达到平整光滑的效果，最后用红胶泥或黄胶泥作防渗处理。石窖做法与土窖类似，唯窖壁和窖底部分（全部）采用石头砌筑的差异而已。20世纪90年代以来，由于"甘露工程"的普遍推广，现今绝大多数水窖已经逐步过渡到水泥窖体。下沉式院落是水窖集水方式的典型代表。庭院入口处附近往往设一小窖，下挖成窖，用红胶泥镶底，以免渗漏，同时庭院地坪有意识向水窖方向倾斜，组织排水方向。下雨前，须将院落打扫干净，让雨水顺水道流入水窖，待至水满，则堵住水窖入水眼，使流水改入渗坑之中。将内涝危险纳入利用范畴之中（图9-9）。

2. 涝池集水

涝池主要集中在黄土塬面村落中，即利用村中低洼之处挖成水池，收集降水期间的雨水，是解决干旱地区聚落生活用水的重要公共设施。涝池之水主要供牲畜饮水、日用洗涤、建筑之用。

涝池隔多年待干涸后需进行整饬，其底部淤泥是较好的农家肥料。现在随着机井的推广普及，其数量已日渐稀少。

三、采光及太阳辐射

从物理角度看，采光与太阳辐射从本质上是统一的，这就意味着光线越多，太阳辐射越大，冬季室内温度相应的就越高。建筑物的选址朝向与优劣，直接影响到住宅院落的空间格局和居住质量。

（一）院落布局

1. 横向院落

横向院落是指院落面宽远大于院落进深，通常面阔是进深的2倍以上。建筑东西横向布置，院落或一家，或数家一字朝南向排开，院落开阔，以宽度取胜。

横长式院落的产生主要因为西北地区北部地带，纬度在多在北纬37°～40°，太阳高度角较小，冬季抗寒问题对于民居更为重要。为了适应高纬度地区的太阳光热条件，为了抵御漫长冬季的严寒，必须尽可能争取更多太阳辐射，尽量避免建筑物相互遮挡，因此强调建筑物之间保持较大的间距，因而形成了横长宽形大院，沟壑区受地形原因所限，更需如此，其基本原理与东北民居类似，而与关中、江浙、广东一带保持阴凉的民居院落存在目的、形态上的本质区别。

图9-9 宁夏西海固地区的水窖

在横向院落的原型基础之上,产生了其他衍生类型,如三合院和四合院。

采光质量的优劣直接决定了院落中不同建筑的使用地位。在合院式建筑中体现的较为明显,例如院落建筑中,在稍显封闭的四合院,院落尺度比较大,通常讲究"明五暗四六厢窑",保障主窑的采光,院落尺度通常控制在合理范畴内。同样,即便是下沉式窑洞分布区域,院落空间尺度的关系也是如此。

一般院落中,东西朝向的建筑作为厨房、临时用房、储藏室、牲口棚等辅助用房,而北向用房主要作居住之用。

2. 天井式院落

天井式院落多分布于陕西南部汉中地区。天井主要功能是解决日照采光、通风排水。天井院落通过内向采光和内排水的方式,解决了对大面积住房的需求。

陕南民居主要通过厅堂、天井、廊道来组织通风系统。院落与院落之间的过厅完全通透,二层之上被做成一个公共休息平台,解决通风问题,也提供了公共交流的场所。天井内建筑挑檐较深,从前金柱到檐口的距离往往要达到两步水,起到遮阳作用。建筑外围护结构多采用夯土结构,外墙不开窗,或只开小窗,防御功能强。室内采光主要依靠天井。

民居建筑屋面大都采用"四水归堂"的形式和建造理念。屋顶的坡向使天井担负了几乎全部排水的功能。天井池的深度约为 15~30 厘米,采用青石板砌筑,有明显的坡度,通过暗沟引出,排水快而顺畅。

(二)建筑进深

采光对于建筑设计的限制主要体现在建筑进深的控制上,即解决室内光线的问题。由于西北地区冬季普遍严寒,窗洞较小,采光量有限,因此在设计过程中采用了诸多方法引入光线。例如,早期陇东窑洞在修建时,多数窑洞都是前宽后窄,前端高后部低,以使窑洞内尽量进光,使洞内能有尽可能高的采光亮度。

从整体上看,该地区建筑基本呈现出房屋有效进深较小的整体趋势。平房一般在 3.5~4.5 米左右,以便获得足够的光照。例如,"虎抱头"式平面,房间中间一开间凹进,进深较小。这是因为西北地区冬季寒冷,无霜期较短,冬季尤其需要日照。房间进深尺度小,太阳的辐射热能就更易提高室内温度。

(三)门窗

建筑门窗的大小直接决定着采光与保温的矛盾,就整体而言,窗户中多为固定扇,活动扇少,依旧体现出保温的重要性。

西北地区乡土建筑由于冬季严寒,绝大多数房屋北面一般不开窗户,而陕北地区大多为掌炕,由于房屋进深大,加之高纬度地区日照时间较短,因此窗户多开得比较大,以便接受更多的阳光。

窑洞里的光度,都是利用自然采光,主要光度之来源,靠大花窗采光,同时通风窗与通风孔也进入一定的光度。大花窗的面积在 6 平方米左右,在春、夏、秋三季,窑洞经常开窗、开门,由门进光,因此窑洞内部,前半部十分明亮,后半部光度比较小。

(四)庭院绿化

建筑绿化是指在建筑物周围保留或种植乔灌木、花草或盆栽植物,以优化建筑生态环境。建筑绿化的主要功用有:①对风的阻挡作用;②通过蒸腾作用降温;③产生林地风;④遮阳、避雨。

然而纵观西北地区,特别是干旱地区,庭院建筑绿化相对比例与绝对数量都远远不及其他地区。庭院中树木较少,即便有,往往也离建筑距离较远。庭院绿化的匮乏主要有两方面原因:首先,传统乡土建筑多系用生土墙体构建,如果利用树木遮阳,树木往往紧靠建筑种植,根系很有可能从地下破坏建筑基础;其次夏天温度不高,日夜温差较大,因此日间不需要植物遮阳。庭院中绿化布置的方式与干热区、湿热区庭院中重视建筑绿化的布置大相径庭,体现出实用、重视冬季保温的原则。然而在撒拉族民居中却非常重视绿化,经常以花卉盆栽装扮院落(图9-10)。

a. 西北民居院落普遍缺乏绿化　　　　　　　　b. 撒拉族民居院落却非常重视绿化

四、风

风大且寒冷是高原山地气候的一大特征，因此建筑的选址通常坐落在向阳背风的场所。我国地处北半球，黄土高原又处北温带，冬季寒冷又多西北风，因此民居选址多采取坐西北面东南方向和坐东北面向西南方向。主要的窗户均朝南向，东、西方向较少开窗。尤其是原生土建筑和独立式窑洞北向绝无洞口，尽可能阻隔寒风渗透入居室，最大限度隔离外部恶劣气候环境。

由于西北地区风沙较大，而且光照强，所以多采用实多虚少的围护结构，开窗少且小，并糊上薄纸或浅色塑料布，有的房屋背面及侧面甚至不开窗。这种做法同时也避免了散热、吸热面积过大，起到节能作用。

甘肃河西走廊、宁夏、青海一带多刮西北风，沙尘大，有的家庭在正房侧面加盖一间耳房，坐西向东，起着防风避尘的作用，这种平面布局称作"拐脖"式。还有一种"虎抱头"式，由正房东西两侧带两间耳房延伸出堂屋前墙。这两种建筑平面都是当地民居应对多风沙气候的经验模式。

当地多风沙天气，采用的自然生土作为建筑建造的普遍材料，其抗风能力较弱，使得当地的民居建筑大都是单层和低矮的。厚重和高大的墙体围合了整个庭院，形成了一个封闭的、围护性极强的院落空间形式。多采用向阳的合院布局，其封闭性满足了抵御风沙和防御外来入侵的需要，使其更少地和外界相接触，以减少对内的影响和破坏力。

除了具体建筑物的保温隔热措施外，人们还利用高大院墙、树木和地形来抵御冬季寒风，例如院落墙体设计也对建筑局部风环境产生一定影响，河西走廊一带风速较大，院墙通常超出建筑物屋顶2米以上，起到降低风速、防风固沙的作用（图9-11）。

图9-10　西北民居院落中的绿化差异

图9-11　青海庄廓院为抵御风沙所形成的封闭、围合的院落（一）

图9-11 青海庄廓院为抵御风沙所形成的封闭、围合的院落（二）

第二节 西北传统民居的当代困境与发展策略

一、西北传统生土民居面临的发展困境

生土民居在西北地区大量存在，并成为西北传统民居的代表类型。据1986年的统计，我国有数以亿计的人生活在生土建筑中，其中约4000万人居住在窑洞中。生土民居具有取材方便、冬暖夏凉、物理性好、施工简单等优势，在适应环境、保护生态、节能减排、营造方法与施工技术上有相当大的成功之处。但是，由于时代、经济、观念、科技的发展，西北传统民居在当代发展中也暴露出很多问题，面临诸多困境，列举如下。

（一）弃窑（土）建房占用大量耕地

今天，传统生土建筑正在被大量废弃，西北地区"弃窑建房"和"弃土建房"的直接后果是有限耕地的急剧减少，人增地减的矛盾更加尖锐。特别是在西北黄土高原地区的城市化进程中，随着社会、经济的发展，原有的窑洞建筑已经不能满足新时期农民的生活需求。为追求新的生活、消费方式及交通、通信的便利，废弃原有的窑居，在缓坡、平地等可耕种地带建设新的宅院。许多地区的整个村落从原先不可耕种的陡坡地带，迁移至河川谷地的公路两侧，占用大量地势平坦、土壤肥沃、取水方便、交通便利的耕地，使有限的耕地面积急剧减少。据统计，近年来甘肃庆阳市年均废弃窑洞约18000孔，建砖瓦房占用耕地41.70公顷（折合6255亩）。仅庆阳市西峰区，2006年统计共有废弃窑居3.7万户，新建砖瓦房占用耕地14.74万亩（图9-12）。

（二）传统窑洞的固有缺陷导致弃窑

传统窑洞内部通风不畅、采光不足、潮湿阴暗、缺乏给水排水设备，不能满足现代人的居住要求。由于黄土本身的特性，最怕水害，如有孔洞或裂缝，在暴雨季节，这些因素就会给窑洞造成巨大的破坏。前墙窑脸上通气窗上方最易剥落，严重时，需要清除窑口局部松土，补砌土坯重新抹面。窑内凉爽，适合存放粮食，但粮囤需要作十分复杂的防潮处理，并高高地架在木架上。遇到黄土地区的雨季，窑内潮湿，通风极差。窑洞越深，采光越差。还有一个主要的缺点是，窑洞占地很大，尤其是地坑窑，一个普通的窑院占地约1.3亩，而普通的砖瓦房院落仅用0.3亩就可以建成。窑洞的这些缺陷是人们弃窑建房的重要因素。

（三）抗震性差是传统生土民居的致命缺陷

夯土墙、土坯墙有取材方便、可塑性强、热工性能好等优点，但抗震性差是传统生土民居的致命缺陷。土房遇震倒塌的主要原因也和土墙的局限性有关，如土坯质量差，厚度不均匀，墙体

图9-12 甘肃庆阳西峰地区弃窑无序建房占用耕地

尺度不当门窗洞口过大，屋顶与墙体、墙体与墙体结合不当，砌筑施工不当等，地震时土墙砌筑作为承重或围护的房屋就会遭到破坏，包括墙体扭转、平面错位、开裂较大、墙体分离甚至房屋倒塌等现象。2008年5月12日的汶川大地震中，陕西南部的宁强等地的建筑物也遭受到一定的毁坏，其中生土建筑的毁坏比较严重。

二、西北传统民居的当代发展策略

西北传统民居历经千年的发展变迁，在今天虽面临各种困境，但仍然有其突出的价值。西北新民居的当代发展策略是走一条"中国特色的新乡土建筑之路"，即寻找立足地域资源环境条件、结合当代绿色技术、充分发扬传统民居生态优势的"三位一体"策略。其一，传承与发扬传统民居中的营造智慧，在当代生态文明的背景下予以重新阐释；其二，借助当代绿色技术与理论，改进传统民居中不适应当代需求的各种弊病，特别是致命缺陷的有效解决；其三，摆脱当前新民居建设中暴露出的毁林毁地，风格单调，片面追求高档次、大面积，技术水平低下等问题，解决新民居建设所导致的加剧资源毁损、人地矛盾与地域文化消亡等问题。近年来科研单位与当地村民作了多种努力与探索，具体的途径包括如下方面：

（一）窑居的维护与改造

黄土高原的窑洞建筑有其生态优势，至今陕北地区、甘肃环县等地的村民还在修建新的窑洞。对窑洞修建的技术改造是首要任务。

根据窑居现有的缺点和局限，对窑洞的技术改造集中在以下几个方面：改变过去一家一户各自建窑的无序状态，对窑居进行统一规划，节约用地；采用新技术和方法加强窑洞主体结构的强度（包括采用现代的材料如砖、石、水泥、钢筋、玻璃等）；通过设置通风烟囱、吊顶通风或地沟进风等方式解决洞内潮湿和通风的问题；窗洞开大，增大采光面积，窑内墙上刷白，提高反光效率；充分利用天然能源，如太阳能；顶部种植植被防止水土流失（图9-13）。

a. 延安枣园的绿色试验窑洞

b. 村民在窑洞外添加玻璃檐廊

c. 村民在窑洞檐廊内装修

图 9-13 窑洞的维护与改造

（二）生土墙的更新改造

传统民居的生土墙体是直接素土夯实，这样的墙体能够承担房屋重量，但抗震效果比较差。提高抗震效果的方法乃是加强房屋的整体性，主要加固措施是在基础和墙体上设置圈梁，特别是在墙体上设置连续、水平的圈梁，并且将门窗洞口上的过梁同圈梁结合起来，再将屋顶体系和墙体顶端联系在一起，这样不但能够传递来自屋顶的荷载，在强震中还能阻止墙体向外倒塌。

目前为提高生土建筑的抗压、抗拉、抗震、耐久、时代适应性等诸多的新要求，国内外很多研究机构和科研单位在研制新型的改善生土建筑的技术。西安建筑科技大学在国家"十五"科技支撑计划重点项目"陕南灾后绿色乡村社区建设技术集成与示范"的课题研究中，对传统夯土墙、土坯墙进行了技术优化，研发了一种新型生态复合墙体，即混凝土密肋与草泥土坯结合的新型墙体。这种墙体显著提高了墙体的抗震性能，并且在保温、隔热等方面都优于砖墙。该墙体在陕南灾后重建项目中予以示范推广（图9-14）。该课题组在数年前，曾研制出手动土坯杠杆式压制机，并获得专利（图9-15）。这种新型设备所

图9-14 混凝土密肋与草泥土坯结合型墙体

a. 混凝土密肋与草泥土坯结合型墙体的制作过程

b. 混凝土密肋与草泥土坯结合型墙体的抗震试验过程

c. 混凝土密肋与草泥土坯结合墙体应用于灾后建筑中

图 9-15 由手动土坯杠杆式压制机制作的土坯砖

生产出来的土坯，可以显著提高生土建筑的力学性能，并保留其原生态性能，对黄土高原地区农村自建房是一种有益的探索。

生土建筑的技术创新，新型生土建筑墙体的研发，各国都在不懈努力。我国历史上是生土建筑的大国，有几千年的生土建筑技术传统，当今如何使生土建筑现代化，在生态文明、低碳经济时代显得更为迫切。

（三）挖掘太阳能技术

当今，为了应对世界性能源短缺的问题，各国政府都作出了积极的反应，我国特别是针对太阳能等可再生能源的利用都出台了一系列的技术扶持和鼓励政策。西北地区拥有最丰富的太阳能资源和成熟的技术，推广太阳灶、太阳能热水器、太阳能温室、太阳能食品灶和太阳能电池，不仅可缓解能源紧缺，而且对植被破坏较严重的生态环境有恢复与重建的功能。目前，在甘肃省、青海省的许多乡村地区，太阳能灶的普及率已经很高。据测算每户安装一台太阳能灶，每年使用200天，可节煤900千克左右；每户一台太阳能热水器，每年可正常使用6个月。太阳能的利用在生态建筑中包含两大方面。一是太阳热能应用系统：用太阳辐射能建立供热系统，以供给民宅生活用热水、取暖、制冷等。二是太阳能发电：将太阳辐射能直接转化为电能，为民宅提供洁净的能源，解决家庭生活热水、沐浴问题，大大降低了对不可再生能源的消耗，保持生态环境的良性循环（图9-16）。大力推广实施太阳能技术有助于提高村镇居民的生活质量和他们的生存环境。

a. 甘肃天祝藏族院落中的太阳能灶

b. 青海寺庙中的太阳能灶

图 9-16 太阳能在西北民居中的普及（一）

c. 青海撒拉族民居屋顶的太阳能灶

d. 青海土族民居院落中的太阳能灶

e. 下沉式窑洞顶部的太阳能热水装置

f. 下沉式窑洞顶部的太阳能热水装置

图 9—16 太阳能在西北民居中的普及（二）

（四）充分利用生物质能资源

生物质能是所有可再生能源里唯一可运输并储存的能源形式，也是地球上仅次于煤、石油和天然气列第 4 位的能源。在西北地区村镇生物质能的利用方式是建设沼气池。沼气的原料是人畜粪便、植物秸秆以及垃圾等有机物质，投入沼气池内发酵后，既可产生沼气，又可保持植物营养物质，成为有机肥料。因此，沼气是将生物能源转换的最有效的方式。沼气不仅能将农村生活中的有机废物转换成能量，同时，沼气的废渣——沼肥含有氮、磷、钾等多种有机物质，可以代替农药化肥并改良土壤。此外，以沼气为纽带，以农户为基础，把农村的养殖业、能源建设和种植业相结合，形成一种生态农业模式，不仅充分利用了地方的有效资源，还大大减轻了农民对常规能源（煤、柴）的依赖，经济、环境、社会效益俱佳（9—17）。

（五）充分利用风能

在包括太阳能、风能、生物质能、地热能、海洋能等众多的可再生能源中，目前发展最快、商业化最广泛、经济上最适用的，当数风力发电。西北地区具有丰富的风能资源，但在广大乡村地区还没有得到充分挖掘和普及。风能发电可以供给住宅生活用电、取暖、制冷等。风力发电主要包括小型与大型两类，小型风力发电机多为民用，具有尺寸小、安装使用方便、成本低、效率高等特点，因此适用于各种地域和气候环境。应用小型风力发电是我国农村能源开发的一个重

图 9—17 宁夏民居院落中的沼气池

图 9-18 官寨头村的整体风貌

要组成部分,我国目前安装小型风力发电机主要集中在内蒙古地区。从已经运行的实例来看,一个四口家庭,在安装风机之前,该家庭使用煤油灯或蜡烛照明,小收音机使用电池,户外照明用手电筒或灯笼,年均费用为 261 元人民币。安装了 100W 风机之后,相同条件下年均费用降低到 222 元人民币。新型能源的利用,不仅为当地居民省了钱,而且还改善了功能质量。当前,这种小型风能发电是适合在西部风能资源比较丰富的地区推广和应用的。

第三节 陕县官寨头生态窑居示范村案例

一、村落概况

官寨头村位于三门峡市区南 10 公里处,地理位置优越,交通便利。该村属典型的黄土高原沟壑区窑居聚落,窑居种类齐全(下沉式窑洞、独立式窑洞及靠崖式窑洞),分布相对集中,具有一定规模(图9-18)。三门峡陕县地坑院(又称天井窑院、下沉式窑院)民俗民风文化被列入河南非物质文化遗产名录。官寨头村村落内部绿化良好,山地植被覆盖率较高,且种类沿山

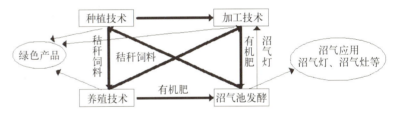

图 9-19 "四位一体"循环农业发展模式路线图

体等高线变化,沟壑景观层次分明,农业生产以果品种植为主,兼禽畜养殖。产业结构较为单一,人均收入水平不高。官寨头村现有人口 245 人,68 户。

生态窑居示范村规划旨在通过对传统窑洞的生态改造以及新型生态窑居的建设,完善基础设施,改善居住环境,提高窑居村落居民的生活质量。同时,在当地已具一定规模的果品产业基础上,克服单一的生产经营模式,引入"四位一体"循环农业发展模式(图9-19),结合新时代的窑洞"住文化"形成以循环农业为载体的乡村民俗旅游的发展模式,实现发展生产和保护生态环境的双赢。将官寨头打造成为一个以循环农业、当代窑居生活展示为主,融林业、农副产品、休闲度假为一体的生态窑居示范村。

a. 官寨头村地形

图 9-20
官寨头村地形及其总体规划图

b. 总体规划图

二、村落布局

按照村镇规划标准、河南省社会主义新农村村庄建设规划导则结合官寨头村现状，在建设生态窑居示范村的基本框架下，规划总体采用"一心两区"的总体布局。"一心"，一为公共服务中心，是全村的公建中心，包含村委会、文化娱乐中心、商业服务用地、休闲娱乐健身设施及机动车集中停放处等要素，是全村的交通枢纽。"两区"根据主要窑洞种类、地形特征及规划分期，划分为以下沉式窑洞为主的村落中心台塬区和以靠崖式窑洞为主的南部沟壑区。两大区域及内部各节点之间，依靠由绿化、村路形成的轴线进行连接（图9-20）。

三、窑居生态改造与更新示范

（一）窑居生态改造与建设的针对性措施

传统窑洞主要缺点是易塌方、潮湿、阴暗采光差、占地面积多，针对这些缺点提出四条解决传统窑洞缺陷的主要措施：①雨水渗顶、刷击窑脸是引起塌方的原因，其解决办法是在顶部运用"八五攻关项目之窑洞砂层防渗技术"对窑洞顶部进行生态性改造，使经过改良后的窑洞顶部可开展种植等农业活动，达到节地目标，窑脸用乳化沥青与黏土合剂抹面（防水）。②阴暗（采光差）是由于传统窑居开窗较小，阳光照射不充足。采用大面积塑钢双层玻璃窗增大采光面积。③潮湿是由于室内外温差导致空气冷凝结露，且传统窑居通风差水汽不易干燥。其解决办法是加大开窗，窑后端设置"L"形管道排风循环系统改善通风条件。墙体采用全稳定型土坯砖。④占地多。缺点④的解决办法：窑顶覆土层内设置防水层，做种植床埂，进行立体种植，有效利用土地（图9-21）。

（二）窑居的具体生态改造与更新方案

1. 窑洞的生态改造与更新方案

对村中现有下沉式窑洞及靠崖窑、独立式窑洞分别进行质量评估与测定，拟定不同改造方案。总体上，建筑外观方面保持原有外形特征，即对

图 9-21 传统窑洞改造措施分解图

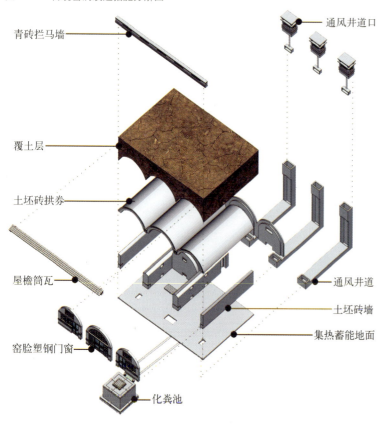

拦马墙、窑脸、崖面等以修旧如旧为基本原则，恢复其原始风貌特征；内部功能方面根据具体居住情况，加建厕所、厨房、储物等空间；整体结构方面采用内部砌砖起拱等方式进行加固处理；物理环境方面采用加建通风孔以改善其室内空气质量。

对于新建窑居（含下沉式、靠崖式和独立式三种）的具体方案包括：①在体量方面，窑洞开间控制在3.3～3.6米之间，进深依地形灵活变动；②在色彩方面，以当地传统的灰、黑及红色为主要的色调，即在总体建筑外观方面，设计要求从传统窑居中提取色彩、比例、尺度等要素，结合现代人的审美特征进行综合设计，使整个聚落形成统一的风格特征；③在建筑技术与施工方法等方面，充分运用通风口、窑顶隔水等技术，严格按照生态型新窑居的标准进行设计与建造，使其克服传统窑洞的弊端，实现生态性、可持续性的发展模式；④在内部功能设计方面，顺应时代要求，满足考虑当代人的居住要求，室内厕所、厨房等严格按照标准进行统一设计（图9-22a）。

2. 窑洞院落的改造与更新方案

在满足交通通行的基础上最大化地尊重院落的原始布局形式。对于下沉式窑居占地范围内的地面建筑物、构筑物坚决予以拆除，对其内部下沉院落内的建筑物、构筑物根据具体情况进行整治。具体更新方案包括：①下沉式窑洞依地形灵活布置，形制基本因袭传统窑洞进行设计，下沉院口面积控制在150平方米以下，地面拦马墙高度控制在0.4～0.6米范围内；②靠崖窑洞依功能以户为单位，由2～3孔靠崖窑及窑前空地形成院落，在充分考虑整体崖面景观格局的基础上，在院落内设置部分地面建筑，主要用于储物、养殖等，高度不得超过院墙（图9-22b）。

3. 窑居村循环农业的相关设施建设方案

以窑院（包含下沉式、独立式和靠崖式）为单位，根据地形地势建造储水窑，在小范围内形成雨水富集网络，满足庭院式农业种植的需求；优化沼气池的设计，同时，结合节能炉灶、厕所

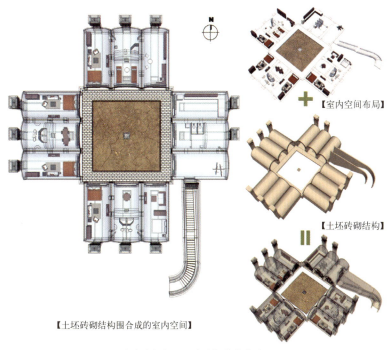

a. 室内空间与土坯密肋拱结构的关系图

b. 窑洞更新后的建筑立面

图9-22 系列设计图（一）

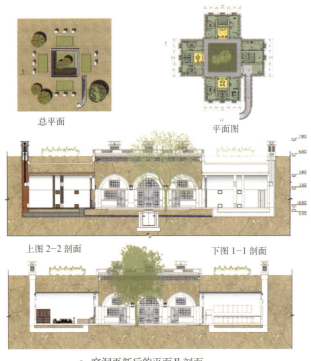

c. 窑洞更新后的平面及剖面

的相关技术要求进行相应的节能建设与改造；根据具体的窑居情况对其进行太阳能发电、供暖、热水等方面的综合设计与建设（图9-22c）。

第四节 结语

以生土为主体的西北民居历经千年发展，具有取材方便、冬暖夏凉、物理性好、施工简单等优势，在适应环境、保护生态、节能减排、营造方法与施工技术上获得了广泛的成功，形成了低成本、低能耗、低技术、与环境融合的民居营造模式。蕴藏于传统民居中的生土材料运用方式以及生土聚落被动式资源利用方式，为当代探索

d. 建成窑洞的门户、院落及室内环境

低碳建筑、生态建筑给出了范例。

今天，传统生土民居的现代化具有突出的现实意义。从环境视角看，在世界及中国走向生态文明与低碳经济的大趋势下，对于探索中国建筑"如何在低资源条件下建设高文明"以及对于引导我国普遍存在的资源短缺条件下的村镇建设具有强烈的启示性；从文化视角看，生土材料的开发以及在新民居中的现代化方式的运用，对于西北传统民居风格的延续、形式的发展，对于地域建筑文化的传承、地域创作的拓展亦具有其当代的价值（图9-23）。

注释：

[1] 定边县志，方志出版社，2003：182.

图9-23 宁夏镇北堡新乡土建筑

主要参考文献

[1] 张碧田，刘振亚．陕西民居．北京：中国建筑工业出版社，1993．

[2] 侯继尧．窑洞民居．北京：中国建筑工业出版社，1993．

[3] 周若祁，张光．韩城村寨与党家村民居．陕西：陕西科学技术出版社，1999．

[4] 侯继尧，王军．中国窑洞．河南：河南科学技术出版社，1999．

[5] 陆元鼎主编，杨谷生副主编．中国民居建筑．广州：华南理工大学出版社，2003．

[6] 汪之力，张祖刚．中国传统民居建筑．河北：邯郸出版社，1995．

[7] 荆其敏．覆土建筑．天津：天津科学技术出版社，1988．

[8] 孙大章．中国民居研究．北京：中国建筑工业出版社，2004．

[9] 马平，赖存理．中国穆斯林民居文化．宁夏：宁夏人民出版社，1996．

[10] 赵春晖．现代撒拉族社会研究．北京：民族出版社，2006．

[11] 郭冰庐．窑洞风俗文化．西安：西安地图出版社，2004．

[12] 南文渊．伊斯兰教与西北穆斯林社会生活．青海：青海人民出版社，1994．

[13] 任保平．西部地区生态环境重建模式研究．北京：人民出版社，2008．

[14] 冯绳武．甘肃地理概论．兰州：甘肃教育出版社，1989．

[15] 天水市地方志编撰委员会．天水市志．北京：方志出版社，2004．

后 记

西北民居研究自 20 世纪 60 年代起，由西安建筑科技大学建筑学院的一批建筑设计课与美术课教师深入陕西境内的关中、陕南、陕北进行乡土民居测绘与写生。待到 20 世纪 80 年代由侯继尧、刘振亚、张壁田、李树涛、郑士奇、刘舜芳、周若祁等一批教授们，带领青年教师有计划地对陕西及周边的宁夏、甘肃、豫西等地区传统民居进行了广泛的测绘调研。这些成果由中国建筑工业出版社出版了《陕西民居》、《窑洞民居》两书。当时我作为青年教师参加了陕南、关中、陕北部分典型民居的测绘与资料整理工作。在前辈们的言传身教中，使我学到了不少传统民居的文化内涵，加上我在上大学之前作为下乡知青曾有过 6 年住窑洞、吃窖水的乡村生活经历，与乡土建筑的结缘，从而奠定了我一生的研究方向与执着追求。20 世纪 90 年代末，在国家自然科学基金项目的资助下，我与我的老师侯继尧教授出版了《中国窑洞》一书。在其后的年代里我指导的研究生论文、申请到的国家级科研课题大多选题是西北乡土建筑，这也为今天《西北民居》的编写奠定了基础。

西北民居涉及陕、甘、宁、青三省一区，其地域广阔，民族多，民居类型更是丰富多彩，单是陕西、甘肃两地民居就足以各自单独成书。《西北民居》篇幅有限，许多民居内容未能编入，期待以后有机会将更完美的西北民居风貌及研究成果呈献给读者。

在本书编写中参考了众多书籍与研究生论文，也得到许多单位与热心人士的支持帮助。书中图片除署名外均为作者本人及作者的研究生所拍摄。参加本书资料与测绘图整理工作有作者 08、09 级的硕士研究生，在此一并表示衷心的感谢。本书编写中正值 5·12 汶川大地震，作者随即参加了陕南灾后重建任务，奔波于陕南山区一年多，致使本书的调研与编写时间紧迫，不足之处敬请各方批评斧正。

王军

2009 年 12 月于西安建筑科技大学

作者简介

王军,西安建筑科技大学特聘教授、博士生导师,国家级重点学科"建筑设计及其理论"学科带头人之一。中国民族建筑研究会民居建筑专业委员会副主任委员,中国建筑学会生土建筑分会副理事长,中国城市规划学会城市生态规划建设学术委员会委员,中国城市科学研究会绿色建筑与节能专业委员会委员,陕西省非物质文化遗产保护专家委员会委员。

曾于1998年赴意大利罗马大学作为访问学者交流讲学,2001年赴香港中文大学访问学者讲学,2006年赴台湾朝阳科技大学交流讲学,2008年赴日本东京首都大学交流讲学。

长期以来从事地域文化与乡土建筑、窑洞与生土建筑、西北绿洲聚落、城市公共空间设计等方面的科研与教学。近十年来主持国家自然科学基金面上项目三项:"土地零支出型窑居村落可持续发展研究"(1998年);"下沉式窑洞改善天然采光与太阳能利用一体化研究"(2005年);"生态安全视野下的西北绿洲聚落营造体系研究"(2007年)。2008年主持"十一五"国家科技支撑计划重点课题子课题:"陕南灾后绿色乡村社区建设技术集成与示范";2009年主持"十一五"国家科技支撑计划课题:"西北旱作农业区新农村建设关键技术集成与示范"。

结合科研课题项目,研制的"手动生土砖机"获国家专利一项;出版专著《中国窑洞》一书。发表相关学术论文:《黄土高原沟壑区传统山地聚落"生态基因探索"》,《甘肃陇东地区生土民居回归与新型聚落营建研究》,《关于中国西部地区民居建筑的研究与思考》,《生态安全视野下的绿洲民居聚落研究》,《绿洲建筑学若干关键问题研究——西北绿洲地区生土聚落变迁研究与生态技术优化对策》,《地域建筑与乡土建筑研究的三种基本路径及其评述》,《天水传统民居聚落与非物质文化遗产保护》,《陕南古镇青木川》,《机遇与挑战-陕南灾后绿色乡村社区营建策略》,《任震英先生乡土建筑研究思想解读与启示》等。

多年来结合研究课题,指导的毕业设计曾获台湾洪四川财团法人基金优秀设计一等奖,六次获陕西省优秀毕业设计一、二、三等奖项。指导的研究生在全国生态住区设计大赛、太阳能建筑设计大赛及全国经济适用房大赛中多次获奖,并在2004年国际生态住宅设计大赛中获二等奖,2008年"中国美丽乡村绿色建筑设计大赛"获优秀奖。并多次获校教学改革成果奖、优秀研究生导师奖励;荣获校师德标兵、教学名师称号;2009年获宝钢教育基金优秀教师奖。